정원수
유지관리
매뉴얼

【자문위원】
- 박정임 (한국농수산대학 초빙교수)
- 신상섭 (우석대학교 조경학과 교수)
- 이종석 (서울여자대학교 원예조경학과 교수)
- 이진희 (상명대학교 조경학과 교수)
- 황환주 (신구대학교 원예디자인과 교수)

【사진제공】
- 소재현 (한국도로공사 전주수목원 과장)
- 최상설 (동산바치 조경연구소 소장)

공동주거단지 및 단독주택을 가꾸기 위한
정원수 유지관리 매뉴얼

초판인쇄 | 2013년 3월 25일
초판발행 | 2013년 3월 30일

지 은 이 | 권영휴 · 김현준 · 이태영 · 염하정
펴 낸 이 | 고명흠
펴 낸 곳 | 푸른행복

출판등록 | 2010년 1월 22일 제312-2010-000007호
주　　소 | 서울 서대문구 홍은1동 455번지 벽산아파트상가빌딩 304호
전　　화 | (02)3216-8401~3 / FAX (02)3216-8404
E-MAIL | munyei21@hanmail.net
홈페이지 | www.munyei.com

ISBN 978-89-93426-82-3(13520)

※ 잘못된 책은 바꾸어 드리겠습니다.

공동주거단지 및 단독주택을 가꾸기 위한

[정원수]
유지관리
매뉴얼

권영휴 · 김현준 · 이태영 · 염하정 共著

푸른행복

서문
Preface

   주거공간에서 정원은 휴식, 오락, 운동, 사회적 교류 등 공동체의 활동공간으로서 가족 구성원들에게 다양한 경험과 활동의 기회를 제공합니다. 2000년대에 들어서면서 주택정책 변화에 따른 건설회사의 차별화 전략 및 국민의 생활수준 향상에 따라 옥외공간의 환경 개선에 대한 요구가 점차 증가하게 되었습니다. 그 결과 옥외공간 조성에 있어 녹지공간의 확대, 이용 수종 및 수목 수량의 증가, 편의시설 및 휴게공간 배치의 다양화, 친환경적 계획 요소의 도입 등 많은 변화가 나타났습니다.

   그러나 이와 같이 주거공간이 차별화되고 다양해지고 있는 데 반하여 적절한 유지관리 기준이나 매뉴얼이 미흡하여 많은 비용으로 조성한 공간이 각 수종과 공간의 특성 등을 반영하지 못하고 비전문적으로 관리되고 있습니다. 따라서 지속적으로 발전하고 변화되는 정원을 당초의 계획 의도대로 유지하기 위해서는 수종별·공간별 유지관리에 대한 매뉴얼의 개발이 필요한 실정입니다.

   이 책은 이러한 필요성에 따라 만들어진 정원수와 공간에 대한 유지관리 매뉴얼입니다. 매뉴얼에 소개되는 수종은 공동 주거단지에서 가장 많이 이용되고 있는 50종을 선정하였으며, 형태적·생태적 특성, 번식, 이식, 전정, 병충해 관리, 이용사례 및 연간 관리표를 중심으로 수종별 매뉴얼을 작성하였습니다.

   공간별 유지관리매뉴얼 부분은 공동주택과 단독주택으로 구분하여 지침을 제시하였습니다. 공동주택은 공동주택의 유형과 각 공간의 설계의도를 파악하기 위해 공공기관 및 건설회사의 조경 설계지침 등을 참고하였습니다. 그 결과 조경공간을 단지출입공간, 단지 내도로, 단지중심정원, 보행로, 생태연못, 어린이 놀이터, 옥상, 외곽녹지, 운동공간, 주동정원, 주차공간, 텃밭, 휴게공간의 13개 공간으로 나누고, 단독주택은 주요공간을 전정, 주정, 측정, 후정으로 구분하여 각 공간에 대한 관리지침을 제시하였습니다.

   이 책이 주거공간에서 정원을 유지, 관리하는 데 도움이 되어 관련 분야의 전문가는 물론 전공 학생들이나 일반 독자 여러분들이 정원을 좀 더 효율적이고 아름답게 가꾸고 이용함으로써 건강하고 쾌적한 생활환경을 누릴 수 있기를 바랍니다.

저자 대표 권 영 휴

개요
Manual Outline

1. 매뉴얼 작성의 배경 및 목적
1) 매뉴얼 작성 배경
- 국민소득수준 향상에 따른 공동 및 개인주택 정원에 대한 관심 증대
- 매뉴얼 부재에 따른 비효율적 관리
- 정원 유지관리를 위한 매뉴얼 필요성 대두

2) 매뉴얼 목적
- 공동 및 개인주택 정원 관리자에게 유지관리 매뉴얼 제공
- 매뉴얼에 따른 효율적 관리로 유지관리 비용 절감
- 매뉴얼 정보 제공을 통한 일반시민의 정원에 대한 관심도 증대

2. 매뉴얼의 범위
1) 수종별 매뉴얼

수종선정 : 63개소 공동주택을 대상으로 가장 많이 이용되는 교목 50종 선정

■ 낙엽교목(36종)

감나무, 계수나무, 꽃사과나무, 느릅나무, 느티나무, 대왕참나무, 대추나무, 때죽나무, 마가목, 매실나무, 메타세쿼이아, 모감주나무, 모과나무, 배롱나무, 백목련, 복자기, 산딸나무, 산벚나무, 산사나무, 산수유, 살구나무, 상수리나무, 왕벚나무, 은행나무, 이팝나무, 자귀나무, 자엽나무, 자작나무, 중국단풍, 청단풍, 층층나무, 칠엽수, 튤립나무, 팥배나무, 팽나무, 회화나무

■ 상록교목(14종)

가시나무, 가이즈까향나무, 구상나무, 동백나무, 먼나무, 서양측백나무, 섬잣나무, 소나무, 스트로브잣나무, 아왜나무, 전나무, 주목, 태산목, 후박나무

2) 공간별 매뉴얼
- 공동주택 건설회사 설계지침 자료를 분석하여 조경 공간을 13개 유형으로 구분 (단지출입공간, 단지내 도로, 단지중심정원, 보행로, 생태연못, 어린이놀이터, 옥상, 외곽녹지, 운동공간, 주동정원, 주차공간, 텃밭, 휴게공간)
- 단독주택 정원 사례를 분석하여 전정·중정·후정·측정의 4개 유형으로 구분

3. 이 책의 구성

1) 수종별 매뉴얼

- **수목명** : 국내에서 사용되는 수목 이름
- **과명·속명** : 식물 분류에서 쓰는 과(科), 속(屬)의 명칭
- **성상** : 식물 개체의 양상, 외관(예, 낙엽/상록, 활엽/침엽, 교목/관목)
- **수고(樹高) 및 식재분포** : 수목의 높이 및 식재 분포 지역을 나타냄
- **학명(Scientific Name, 學名)** : 세계적으로 통용되는 이름으로 라틴어로 쓰여짐. 속명과 종명으로 구성. 속명의 머리문자는 대문자, 종명의 머리문자는 소문자로 나타냄
- **영명, 일본명, 중국명, 기타명칭** : 각 나라에서 사용되는 수목의 일반 명칭 및 기타 명칭을 표기
- **원산지/분포** : 수목의 원산지와 분포 및 식재 가능 지역 표시
- **조경적용도** : 조경적으로 많이 이용되는 용도 표시
- **수목의 부분별 사진** : 수목의 수형, 잎, 꽃의 사진과 함께 형태적 특징을 표시
- **관상가치** : 수목의 관상적 가치 및 특징 표시
- **생태적 특성** : 수목의 식재지역 선정에 있어 필요한 정보인 내한성, 내음성, 토양적응성, 내염성, 내공해성, 이식성 등의 정도를 표시

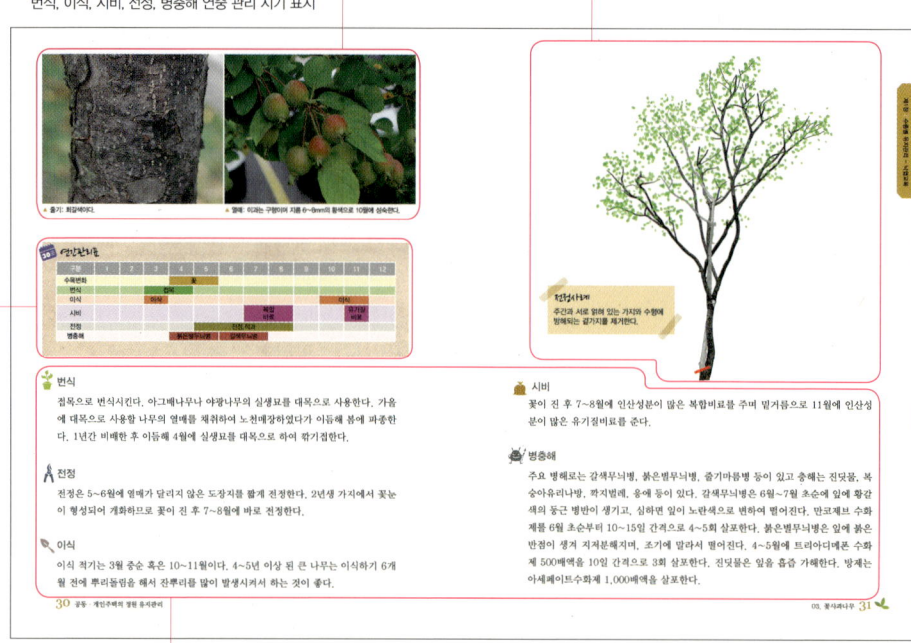

2) 공간별 매뉴얼

- **설계지침**
  공동주택 건설회사 네 곳의 설계지침을 분석하여 정리
  공간의 의미, 특성, 이용방법 등을 정리

- **식재지침**
  설계지침 중 식재와 관련된 부분을 별도로 정리
  공간의 설계의도를 잘 반영할 수 있는 주 이용 수종 정리

- **설계지침에 따른 관리**
  공간별 설계의도를 반영한 관리 방법 정리
  공간별 식물관리 방법에 내용의 범위를 정함

4. 매뉴얼의 활용

- 수종별 · 시기별 · 공간별로 알맞은 유지관리 내용을 쉽게 찾아 적절히 대응 가능
- 공동 및 개인주택 유지관리에 필요한 관리지침으로 활용

- **관리사례**
  실제 공간 사례 제시
  현황과 시사점으로 내용 구성

서문 / 5
매뉴얼 개요 / 6

제 1 장
수종별 유지관리-낙엽교목

01	감나무	16
02	계수나무	22
03	꽃사과나무	28
04	느릅나무	34
05	느티나무	40
06	단풍나무	46
07	대왕참나무	52
08	대추나무	58
09	때죽나무	64
10	마가목	70
11	매실나무	76
12	메타세쿼이아	82
13	모감주나무	88
14	모과나무	94
15	배롱나무	100
16	백목련	106

17	복자기	112
18	산딸나무	118
19	산벚나무	124
20	산사나무	130
21	산수유	136
22	살구나무	142
23	상수리나무	148
24	왕벚나무	154
25	은행나무	160
26	이팝나무	166
27	자귀나무	172
28	자엽나무	178
29	자작나무	184
30	중국단풍	190
31	층층나무	196
32	칠엽수	202
33	튜울립나무	208
34	팥배나무	214
35	팽나무	220
36	회화나무	226

제 2 장
수종별 유지관리 — 상록교목

01	가시나무	234
02	가이즈까향나무	240
03	구상나무	246
04	동백나무	252
05	먼나무	258
06	서양측백	264
07	섬잣나무	270
08	소나무	276
09	스트로브잣나무	282
10	아왜나무	288
11	전나무	294
12	주목	300
13	태산목	306
14	후박나무	312

제 3 장
공간별 유지관리

공동주택		
01	단지중심정원	320
02	단지 내 도로	324

03	단지출입공간	328
04	보행로	332
05	수경공간	337
06	어린이 놀이터	343
07	옥상	347
08	외곽녹지	353
09	운동공간	357
10	주동정원	361
11	주차공간	367
12	텃밭	370
13	휴게공간	379

| 단독주택 |

01	전정	384
02	주정	388
03	후정	391
04	측정	393

부록

01	주요 용어사전	396
02	뿌리형태	402

참고문헌 / 406

Chapter 1

수종별 유지관리
- 낙엽교목

Trees maintenance manual in each species

01 감나무과 감나무속 낙엽활엽교목
감나무

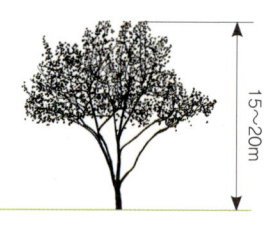

식재지역

15~20m

- 학 명 : *Diospyros kaki Thunb.*
- 영 명 : Kaki, Japanese Persimmon
- 일본명 : カキ
- 중국명 : 柿樹
- 기타명칭 : 돌감나무, 산감나무
- 원산지 : 한국, 중국, 일본
- 분 포 : 중부 이남에 자생, 중부 이남에 식재 가능
- 조경적용도 : 정원수, 공원수, 독립수, 유실수
- 관상가치 : 광택이 나는 넓은 잎, 붉은 열매, 자연스런 수형
- 내한성 : 중
- 내공해성 : 중
- 내음성 : 양수
- 토양적응성 : 적윤지
- 내염성 : 강
- 이 식 : 곤란

▲ 수형: 원형 또는 타원형, 수고: 15~20m 내외

▲ 잎: 타원형 또는 도란형으로 어긋나며 길이 7~15cm, 너비 4~10cm이다. 혁질로 가장자리에는 톱니가 없으며, 털이 있다.

▲ 꽃: 양성화 또는 단성화로 5~6월에 개화한다. 엽맥에 달린다.

▲ 줄기: 회갈색으로 세로로 불규칙하게 갈라진다. 어린가지는 갈색 잔털이 있다.

▲ 열매: 난상 원형 또는 편구형으로 10월에 황홍색으로 성숙한다. 크기는 4~8cm이다.

연간관리표

구분	1	2	3	4	5	6	7	8	9	10	11	12
수목변화					꽃					열매		
번식				접목								
이식				이식							이식	
시비						복합비료				유기질비료		
전정	전정					전정,적과						전정
병충해					탄저병	모무늬낙엽병	감꼭지나방					

번식

접목번식을 주로 한다. 대목은 돌감山柿이나 재배종 감나무 종자인 공대共臺와 고욤나무를 이용한다. 접목 시기는 3월 하순에서 4월 하순경이 좋다. 일반적으로 깎기접으로 접목한다. 접수는 2월 중순경 충실한 1년생 가지를 채취하여 7℃ 내외의 저온저장고에 보관 후 이용한다. 단감나무의 접목은 고욤나무와 접목친화성이 적기 때문에 반드시 공대를 이용한다.

전정

정부우세성頂部優勢性이 강하여 수고가 점점 높아지는 특성이 있다. 방임상태로 두면 가지가 혼잡해지고 수고가 10m 이상으로 높아져 관리하기 어렵다. 암수한그루 또는 완전화로 1년생 가지에 감이 열리게 된다. 겨울 전정은 12~2월이 적기이다. 얽힌 가지와 전년도에 결실한 가지는 제거한다. 결과모지는 선단부의 눈과 2~3번째 눈

전정사례
안으로 향한 가지, 교차지, 위로 향한 가지 등을 제거한다.

이 꽃을 맺는 열매가지가 되므로 30cm 이상의 장과지는 선단을 가볍게 잘라준다. 여름 전정은 6월 하순~7월에 감이 열리지 않은 도장지와 햇빛이 드는 것을 방해하는 가지를 제거한다. 꽃이 너무 많은 경우에는 5월 중순경에 제거한다. 과실이 잘 달리도록 하기 위해서는 5월 하순경에 인공수분한다. 과실이 과도하게 열리면 6~7월경에 적과摘果한다.

이식

중북부지방에서는 가을 식재를 피하고 봄에 식재한다. 남부지방에서는 가을 또는 봄에 식재한다. 뿌리가 깊이 뻗으므로 성목을 이식할 때는 1년 전에 미리 뿌리돌림을 하고 이식 시 지상부와 뿌리의 균형을 맞추기 위해 기본 수형을 이루는 가지 외에 불필요한 가지는 제거한다. 토양은 배수가 잘되고 보수력이 있으며 토심이 깊은 식양토가 좋다.

시비

우량한 과실을 생산하기 위해서는 시비를 철저히 한다. 유기질비료를 늦가을에 준다. 7월경 덧거름으로 질소와 칼리 성분이 있는 복합비료를 시비한다. 수세가 약한 경우에는 여름과 가을에 요소, 인산, 칼리 등을 엽면시비한다.

병충해

주요 병충해로는 탄저병, 모무늬낙엽병, 둥근무늬낙엽병, 감꼭지나방 등이 있다. 탄저병은 과실이나 가지에 발생한다. 새 가지에 전염하면 회색 병반이 타원형으로 되고, 감에 발생하면 대부분 낙과한다. 수세를 건강하게 하고 병든 가지는 잘라낸다. 5월에 다이센엠 45,500배액을 살포한다. 모무늬낙엽병은 7월경 잎에 담갈색 또는 암갈색 병반이 생기며 낙엽되고 감의 품질이 저하되므로, 비배관리를 잘하고 6월에 베노밀수화제를 살포하여 방제한다. 감꼭지나방은 6월과 8월, 2회 발생한다. 굵은 가지 사이와 수피에 고치를 만들어 월동하며, 어린잎에 피해를 주고 감꼭지 부분으로 파고 들어간다. 발생 최성기에 파단, 더스반수화제를 살포하여 방제한다.

이용사례

▲ 전통 가옥에 식재하여 관상, 열매 수확 등의 효과 제공

▲ 산책로를 따라 식재하여 관상 효과 및 정원 분위기 연출

▲ 공동주택 전면에 식재하여 관상효과

▲ 개인주택 정원에 식재하여 녹음, 관상, 열매수확 등의 효과 제공

▲ 산책로 변에 식재하여 관상효과

01. 감나무

02 계수나무과 계수나무속 낙엽활엽교목
계수나무

- **학 명** : *Cercidiphyllum Japonicum* Siebold & Zucc.
- **영 명** : Katsura Tree
- **일본명** : カツラ
- **중국명** : 連香樹
- **기타명칭** : 연향수, 련향나무
- **원산지** : 일본
- **분 포** : 전국 식재 가능
- **조경적용도** : 녹음용, 가로수, 공원수, 독립수, 열식
- **관상가치** : 수형, 심장형 잎, 가을에 노란색 단풍, 향기
- **내한성** : 강
- **내공해성** : 중
- **내음성** : 중
- **토양적응성** : 적윤지
- **내염성** : 강
- **이 식** : 보통

식재지역

▲ 수형: 긴 타원형, 수고: 25m

▲ 잎: 대생하고 넓은 심장형으로 길이와 너비가 3~7cm이다. 가장자리에는 톱니가 있으며, 뒷면이 분백색을 띤다.

▲ 꽃: 암수딴그루로 잎보다 먼저 3~5월에 개화하며 향기가 특이하다. 암꽃은 3~5개의 암술로, 수꽃은 많은 수술로만 이루어져 있다.

02. 계수나무

▲ 줄기: 회갈색으로 세로로 갈라져 조각 모양으로 떨어진다. 가지가 많이 나오는데, 길게 자라는 성질이 있다.

▲ 열매: 골돌로서 원기둥 모양으로 길이 15mm이며, 3~5개씩 모여 달린다. 종자 한쪽에 날개가 있으며, 8월에 자갈색으로 성숙한다.

연간관리표

구분	1월	2월	3월	4월	5월	6월	7월	8월	9월	10월	11월	12월
수목변화				꽃				열매				
번식			실생			녹지삽			실생			
			숙지삽									
이식				이식						이식		
시비			유기질비료			복합비료					유기질비료	
전정				전정			전정					전정
병충해					페스탈로티아 엽고병							
						하늘소						

번식

실생實生번식과 삽목揷木번식으로 한다. 실생번식은 10월에 종자를 채취하여 직파하거나 기건저장氣乾貯藏하였다가 이듬해 3월 파종한다. 종자는 세립이므로 바람에 날아가지 않게 모래와 섞어 흩뿌린다. 발아할 때까지 건조하지 않게 관리한다. 발아율은 좋은 편이다. 삽목번식은 3~4월에 숙지삽熟枝揷, 6~7월에 녹지삽綠枝揷을 실시하고 건조하지 않도록 차광을 해준다. 발근율이 그리 높지 않다.

전정

낙엽이 질 때에는 수형의 골격을 만드는 전정을 하고, 6~7월에는 가볍게 전정한다. 직립한 자연수형이 아름다우므로 가능한 강한 전정은 피하고 도장지를 제거하는 정도가 좋다.

전정사례
주지 아래 맹아지를 제거한다. 교차지, 밀생지, 도장지 등을 제거한다.

이식

이식 적기는 휴면기인 11월부터 싹이 트기 전 3월까지이다. 이식할 때 뿌리가 상하지 않도록 분을 만들어 이식한다. 성목을 이식할 때는 미리 뿌리돌림을 하는 것이 안전하다. 습윤한 토양에 식재하면 활착율이 높고 건조한 곳에서는 생육이 좋지 않으므로 마르지 않도록 관수에 유의한다.

시비

11~12월 또는 2~3월경에 밑거름으로 유기질비료 또는 복합비료를 시비한다. 6월경에 완효성 복합비료를 덧거름으로 준다.

병충해

주요 병해는 페스탈로티아 엽고병이 있고, 충해는 하늘소, 알락하늘소, 제주나방 등이 발생한다. 페스탈로티아 엽고병은 5~6월경 잎의 가장자리가 갈색으로 변한다. 병이 오래 진행된 잎은 회갈색으로 변하고 잎의 뒷면에 소립점이 나타난다. 만코제브수화제 500배액을 5~6월에 살포한다. 하늘소는 애벌레가 형성층을 식해하여 수액의 이동을 차단하여 나무를 죽인다. 6~8월경에 페니트리티온유제를 300~500배로 희석하여 수간에 살포하거나, 다이아지논유제 100배액을 피해구멍에 주입한다.

이용사례

▲ 광장에 식재하여 시각적 초점으로 활용

❶ 액센트식재하여 녹음 조성 및 시각적 초점으로 활용
❷ 건물 전면 화단에 식재하여 녹음 조성 및 시각적 초점으로 활용
❸ 산책로 변에 열식(列植)하여 녹음 조성

03 장미과 낙엽활엽교목
꽃사과나무

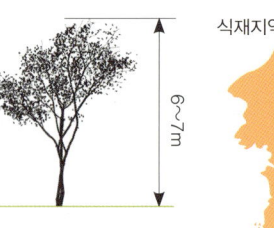
식재지역

- 학 명 : *Malus spp.*
- 영 명 : Crab Apple
- 일본명 : カキ
- 중국명 : 柿樹
- 기타명칭 : 서부해당화
- 원산지 : 중국
- 분 포 : 전국 식재 가능
- 조경적용도 : 장식용, 액센트식재, 가로수, 정원수, 조경수, 독립수

- 관상가치 : 봄에 흰색 또는 연분홍색 꽃, 가을에 붉은 열매
- 내한성 : 강
- 내공해성 : 중
- 내음성 : 양
- 토양적응성 : 사질양토
- 내염성 : 약
- 이 식 : 용이

▲ 수형: 원정형, 수고: 6~7m

▲ 잎: 호생하며 넓은 타원형으로 길이는 6~10cm이다. 가장자리에 톱니가 있으며 양면에 털이 있다.

▲ 꽃: 잎과 함께 3~7개가 모여 4~5월에 개화하며 지름 3~4cm로 산방화서를 이룬다.

03. 꽃사과나무

▲ 줄기: 회갈색이다.

▲ 열매: 이과는 구형이며 지름 6~8mm의 황색으로 10월에 성숙한다.

연간관리표

구분	1	2	3	4	5	6	7	8	9	10	11	12
수목변화				꽃								
번식			접목									
이식			이식							이식		
시비							복합비료			유기질비료		
전정					전정.적과							
병충해				붉은별무늬병		갈색무늬병						

번식

접목으로 번식시킨다. 아그배나무나 야광나무의 실생묘를 대목으로 사용한다. 가을에 대목으로 사용할 나무의 열매를 채취하여 노천매장하였다가 이듬해 봄에 파종한다. 1년간 비배한 후 이듬해 4월에 실생묘를 대목으로 하여 깎기접한다.

전정

전정은 5~6월에 열매가 달리지 않은 도장지를 짧게 전정한다. 2년생 가지에서 꽃눈이 형성되어 개화하므로 꽃이 진 후 7~8월에 바로 전정한다.

이식

이식 적기는 3월 중순 혹은 10~11월이다. 4~5년 이상 된 큰 나무는 이식하기 6개월 전에 뿌리돌림을 해서 잔뿌리를 많이 발생시켜서 하는 것이 좋다.

전정사례
주간과 서로 얽혀 있는 가지와 수형에 방해되는 곁가지를 제거한다.

시비

꽃이 진 후 7~8월에 인산성분이 많은 복합비료를 주며 밑거름으로 11월에 인산성분이 많은 유기질비료를 준다.

병충해

주요 병해로는 갈색무늬병, 붉은별무늬병, 줄기마름병 등이 있고 충해는 진딧물, 복숭아유리나방, 깍지벌레, 응애 등이 있다. 갈색무늬병은 6월~7월 초순에 잎에 황갈색의 둥근 병반이 생기고, 심하면 잎이 노란색으로 변하여 떨어진다. 만코제브수화제를 6월 초순부터 10~15일 간격으로 4~5회 살포한다. 붉은별무늬병은 잎에 붉은 반점이 생겨 지저분해지며, 조기에 말라서 떨어진다. 4~5월에 트리아디메폰수화제 500배액을 10일 간격으로 3회 살포한다. 진딧물은 잎을 흡즙 가해한다. 방제는 아세페이트수화제 1,000배액을 살포한다.

▲ 휴게공간에 군식하여 녹음 조성 및 완충효과

▲ 공동주택 전면에 군식하여 차폐효과 및 완충효과

▲ 주차장에 액센트식재하여 시각적 초점으로 활용

▲ 공동주택 전면에 군식하여 정원 분위기 연출 및 시각적 초점으로 활용

▲ 산책로 변에 열식

▲ 공동주택 전면에 식재하여 정원 분위기 연출 및 시각적 초점으로 활용

03. 꽃사과나무

04 느릅나무과 느릅나무속 낙엽활엽교목
느릅나무

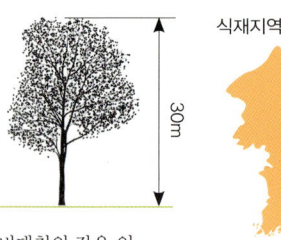

식재지역

- 학 명 : *Ulmus davidiana var. japonica* (Rehder) Nakai
- 영 명 : Japanese Elm
- 일본명 : ハルニレ
- 중국명 : 春榆
- 기타명칭 : 뚝나무, 봄느릅나무
- 원산지 : 한국, 중국, 일본
- 분 포 : 전국에 자생, 전국 식재 가능
- 조경적용도 : 녹음용, 가로수, 공원수, 독립수
- 관상가치 : 웅장한 수형, 비대칭의 작은 잎
- 내한성 : 강
- 내공해성 : 약
- 내음성 : 양수
- 토양적응성 : 적윤지
- 내염성 : 약
- 이 식 : 용이

▲ 수형 : 원정형, 수고 : 30m

▲ 잎 : 호생하며 도란형 또는 타원형으로 길이 4~10cm, 너비 2~6cm이다. 끝이 뾰족하고 가장자리에 겹톱니가 있으며, 뒷면에 털이 밀생한다.

▲ 꽃 : 암수 한그루로 엽액에 모여 달리며, 3월에 개화한다.

04. 느릅나무

▲ 줄기: 회갈색으로 불규칙하게 갈라지며, 수관은 거의 원형을 이룬다.

▲ 열매: 시과로 도란형이며, 길이 10~15mm이다. 넓은 날개가 있으며, 4~5월에 성숙한다.

연간관리표

구분	1	2	3	4	5	6	7	8	9	10	11	12
수목변화			꽃	열매								
번식			삽목, 접목		실생							
이식			이식							이식		
시비			유기질 비료		복합비료						유기질 비료	
전정			전정								전정	
병충해				검은무늬병		등에잎벌						

번식

실생번식, 삽목번식, 접목번식이 가능하며, 일반적으로 실생번식을 주로 한다. 실생번식은 5월에 성숙한 종자를 채종하여 파종한다. 종자가 작으므로 흙을 얇게 덮어주고, 어린 싹은 추위에 약하므로 주의한다. 파종 후 4~5년이 지나면 열매가 열린다. 삽목번식은 3월에 지난해 자란 충실한 가지를 15~20cm 길이로 잘라 토양에 꽂는다. 접목번식은 2년생의 실생묘를 대목으로 하여 봄에 깎기접을 한다.

전정

자연수형으로 기르는 것이 아름다우므로 전정은 마른 가지, 죽은 가지, 얽혀 있는 가지를 솎아주는 정도로만 한다.

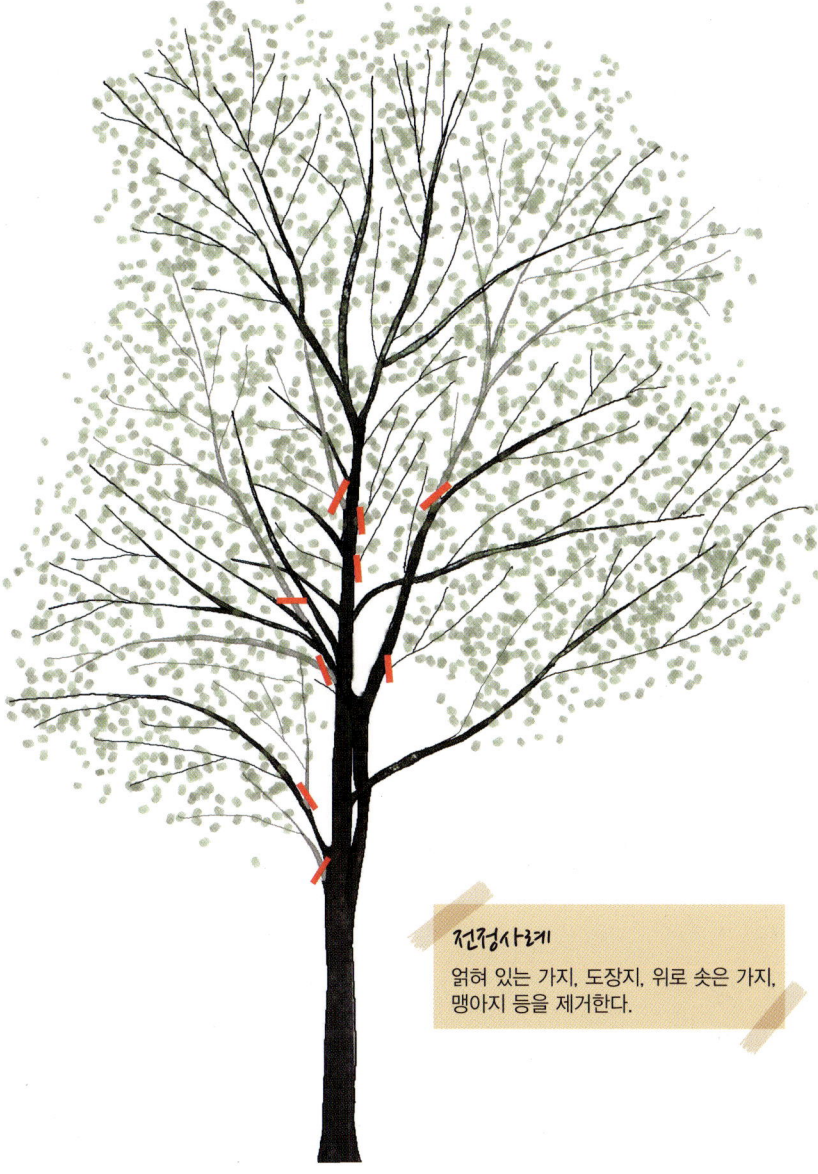

전정사례
얽혀 있는 가지, 도장지, 위로 솟은 가지, 맹아지 등을 제거한다.

🌱 이식

휴면기인 11~3월 사이에 이식한다. 큰 나무도 이식하기 쉬운 편이다.

💼 시비

밑거름으로 유기질비료 또는 복합비료를 11월경이나 3월에 수관선 아래 구덩이를 파고 시비하고, 덧거름으로 조경용 고형복합비료를 수목생장기인 4월 하순~6월 하순에 준다.

병충해

주요 병해로는 느릅나무 검은무늬병이 있고, 충해는 느릅나무등에잎벌이 있다. 검은무늬병은 잎에 커다란 검은 병반이 생겨서 점점 커지고 지저분해 보인다. 병든 잎은 따서 소각하고 만코제브수화제를 살포한다. 느릅나무등에잎벌은 애벌레가 잎 뒷면에 수십 마리씩 모여 살면서 식해한다. 대발생하여 나무를 벌거숭이로 만드는 경우가 많다. 유충 발생 초기에는 모여 살므로 피해 가지를 채취하여 소각하고, 6월 초순에 페니트로티온유제 1,000배액을 살포한다.

이용사례

◀ 수양느릅나무를 액센트식재

▲ 산책로 변에 열식하여 녹음 제공

▲ 사찰 진입로에 녹음 제공

▲ 산책로 변에 열식하여 녹음 제공

▲ 강 둔치에 가로수 또는 녹음수로 식재

04. 느릅나무

05 느티나무과 느티나무속 낙엽활엽교목
느티나무

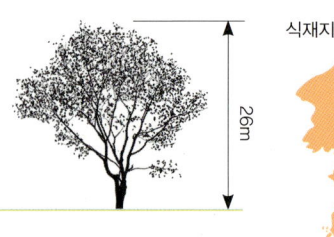

식재지역

- 학 명 : *Zelkova serrata* (Thunb.) Makino
- 영 명 : Zelkova Tree, Sawleaf Zelkova
- 일본명 : ケヤキ
- 중국명 : 槻木
- 기타명칭 : 정자나무, 괴목
- 원산지 : 한국, 중국, 일본
- 분 포 : 전국에 자생, 전국 식재 가능
- 조경적용도 : 녹음용, 가로수, 공원수, 독립수
- 관상가치 : 단정한 수형, 매끈한 수피, 녹음, 가을에 붉은 단풍
- 내한성 : 강
- 내공해성 : 중
- 내음성 : 중용수
- 토양적응성 : 적윤지
- 내염성 : 약
- 이 식 : 보통

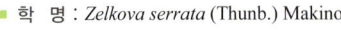

▲ 수형: 평정형, 수고: 26m 내외

▲ 잎: 호생하며, 난형 또는 긴 타원형으로 길이 2~13cm, 너비 1~5cm이다. 가장자리에 톱니가 있고 붉은빛이나 노란빛의 단풍이 든다.

▲ 꽃: 암수한그루로 4~5월에 담황색의 꽃이 핀다. 수꽃은 새 가지 아래 부분에, 암꽃은 새 가지 윗부분에 개화한다.

▲ 줄기: 회갈색으로 노목이 되면 비늘처럼 떨어진다.

▲ 열매: 일그러진 편구형으로 지름 5mm이고 10월에 성숙한다. 뒷면에 능선이 있다.

연간관리표

구분	1	2	3	4	5	6	7	8	9	10	11	12
수목변화				꽃	꽃					열매		
번식			실생									
이식		이식	이식								이식	이식
시비		유기질비료	유기질비료				복합비료				유기질비료	유기질비료
전정			전정								전정	
병충해				갈색무늬병	벼룩바구미							

번식

실생번식을 주로 한다. 가을에 종자를 채종하여 노천매장하였다가 이듬해 봄에 파종한다. 큰 나무 주위에 자연 발아한 묘가 많이 나므로 이것을 채취하여 재배해도 된다. 수관폭이 좁게 개발된 품종은 접목으로 번식한다.

전정

수형을 유지하기 위해서는 얽힌 가지나 맹아지, 도장지 등을 제거하는 정도의 전정만 한다. 부채꼴의 자연수형이 아름다운 나무로, 전정을 할수록 수형이 흐트러진다. 일정한 크기로 수형을 유지하기 위해서는 가능한 주간에 가까운 곳과 가지의 중간부터의 가지를 제거하고, 수형이 흐트러지지 않도록 키운다. 정기적으로 가지 끝을 전정한다.

전정사례
수형을 흐트러지게 하는 가지, 교차지 등을 제거한다.

이식

휴면기인 11~3월 사이에 이식한다. 이식은 용이하나 가지가 꺾이면 본래의 아름다운 수형으로 돌아오지 않으므로 가지가 부러지지 않도록 주의한다. 큰 나무는 6개월에서 1년 전에 뿌리돌림을 해서 이식하는 것이 안전하며 이식 시 구덩이에 유기질비료를 넣어주면 활착과 생육에 좋다.

시비

11~12월 또는 2~3월경에 밑거름으로 유기질비료 또는 복합비료를 시비한다. 7월경 복합비료를 덧거름으로 준다.

병충해

주요 병해는 느티나무 갈색무늬병, 두창병, 회색고약병, 흰별무늬병 등이 있고, 충해는 알락진딧물, 벼룩바구미, 외줄면충 등이 있다. 갈색무늬병은 잎에 갈색 병반이 나타나고 병든 잎이 오랫동안 붙어 있어 미관을 해친다. 병든 낙엽을 모아 태우고 봄에 새잎이 나올 때 만코제브수화제를 한 달에 1~2회 살포한다. 느티나무 벼룩바구미는 성충과 애벌레가 엽육을 식해하며, 5~6월에 피해를 입은 잎이 갈색으로 변하여 경관을 해친다. 초기에 메프유제, 파프유제, DDVP유제를 수관에 살포한다.

이용사례

▲ 분리녹지에 열식하여 녹음 제공 및 시선 유도

▲ 열식하여 중앙정원에 녹음 제공

▲ 열식하여 가로환경에 녹음 제공

▲ 액센트식재하여 녹음 제공

▲ 군식하여 녹음 제공

▲ 열식하여 녹음 제공

05. 느티나무

06 단풍나무과 단풍나무속 낙엽활엽교목
단풍나무

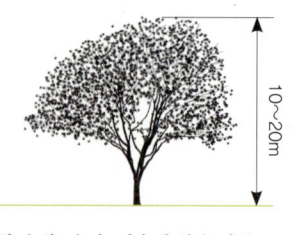

식재지역

- 학 명 : *Acer palmatum* Thunb.
- 영 명 : Smooth Japanese Maple
- 일본명 : イロハモミジ
- 중국명 : 丹楓
- 기타명칭 : 산단풍나무
- 원산지 : 한국, 중국, 일본
- 분 포 : 중부 이남에 자생, 전국 식재 가능
- 조경적용도 : 장식용, 액센트식재, 녹음용, 가로수, 공원수, 독립수, 군식
- 관상가치 : 단정한 수형, 수피, 가을에 붉은 단풍
- 내한성 : 강
- 내공해성 : 강
- 내음성 : 중
- 토양적응성 : 사질양토
- 내염성 : 중
- 이 식 : 용이

▲ 수형 : 원형, 수고: 10~20m

▲ 잎: 대생하며 손바닥 모양으로 가장자리가 5~7개로 갈라진다. 가장자리에 이중톱니가 있으며, 뒷면에는 털이 있으나 점차 없어진다.

▲ 꽃: 암수한그루로 산방화서로 달리며, 5월에 암홍색으로 개화한다.

06. 단풍나무 47

▲ 줄기: 회갈색으로 매끄럽고 털이 없다.

▲ 열매: 시과로 날개가 예각 또는 둔각으로 벌어지며, 10월에 성숙한다. 길이 1~1.5cm로 털이 없다.

연간관리표

구분	1	2	3	4	5	6	7	8	9	10	11	12
수목변화					꽃					열매		
번식			실생,삽목,접목									
이식			이식							이식		
시비							복합비료				유기질비료	
전정											전정	
병충해			흰가루병	가지마름병	타르점무늬병							
				진사진딧물								

번식

실생번식, 삽목번식, 접목번식한다. 야생종은 주로 실생번식하며 원예종은 접목번식을 한다. 실생번식은 가을에 종자를 채취하여 노천매장하였다가 이듬해 봄에 파종한다. 노천매장 시 건조하지 않게 관리해야 발아율이 좋다. 삽목번식은 3월경 지난해 자란 가지 중 충실한 것을 골라 10~15cm로 잘라 심으면 된다. 접목번식은 산단풍의 실생묘를 대목으로 사용한다.

전정

낙엽 직후 11~12월이 전정 적기이다. 수형은 자연형으로 만드는 것이 포인트이다. 직경 5cm 이상의 굵은 가지를 자르면 고사하므로, 가는 가지일 때부터 수형을 만들도록 한다. 굵은 가지를 잘라야 할 경우에는 유합제癒合劑를 바르도록 한다.

전정사례
작고 약한 가지가 많아 수관을 복잡하게 하므로 제거한다.

이식

추위에 강하므로 2~3월 이른 봄의 발아 직전이나 가을의 낙엽 후 이식한다. 수분을 좋아하기 때문에 이식할 때 물을 충분히 준다. 식재장소는 직사광선을 받는 곳이나 석양볕을 받는 곳은 피하고 나무와 나무 사이에 심는 것이 좋다. 뿌리는 잘 뻗지만 잔뿌리가 적기 때문에 이식과 동시에 지상부를 잘라서 흡수와 증산의 균형을 유지시키고, 큰 나무일 경우에는 건조와 일소방지, 방한 등을 위해 녹화용 마대로 감싸준다. 이식 전 증산억제제를 살포한다.

시비

11~12월에 밑거름으로 유기질비료 또는 복합비료를 시비하고, 7월에 덧거름을 준다.

병충해

주요 병해로는 가지마름병, 흰가루병, 타르점무늬병 등이 있고 충해는 진사진딧물, 줄솜깍지벌레, 하늘소 등이 있다. 가지마름병은 가지의 일부에 흑색 반점이 생기며 말라 죽는다. 고사된 가지는 잘라서 태운다. 겨울에 석회유황합제 10배액을 살포한다. 잎이 핀 후에는 동수화제 400배액 또는 지오판수화제 1,000배액을 살포한다. 흰가루병은 잎의 일부에 흰 가루가 생기고 점차 잎 전면에 퍼지게 된다. 병든 가지는 제거하고 낙엽은 태운다. 이른 봄에 석회유황합제를 1~2회 살포한다. 여름에는 만코제브수화제 1,000배액을 살포한다. 타르점무늬병은 5월경 잎 표면에 작은 갈색의 반점이 나타나고 점차 확대되어 둥근 모양의 갈색 반점이 된다. 5월경에 베노밀수화제 1,000배액을 2~3회 살포한다. 진사진딧물은 4~5월경 새 잎이나 새 가지에 기생하여 잎이 오그라들고 변색된다. 4월경 메티타티온유제 1,000배액을 10일 간격으로 1~2회 살포한다. 생물적 방제로는 포식성 천적인 무당벌레류, 풀잠자리류, 거미류 등을 이용한다.

이용사례

▲ 보도를 따라 열식하여 녹음 제공

▲ 건물 전면에 열식하여 녹음 제공

▲ 공동주택 정원에 군식하여 경관 향상

▲ 전정하여 조형미 강조

▲ 공동주택 중심정원에 군식하여 경관 향상 및 시각적 초점으로 활용

▲ 어린이 놀이터에 군식하여 녹음 제공

06. 단풍나무

07 대왕참나무

참나무과 참나무속 낙엽활엽교목

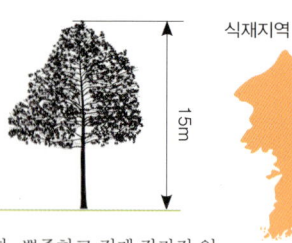
식재지역

- 학 명 : *Quercus palustris*
- 영 명 : Pin Oak
- 일본명 : ピンオーク
- 중국명 : 沼生
- 기타명칭 : 핀오크
- 원산지 : 북아메리카
- 분 포 : 전국 식재 가능
- 조경적용도 : 장식용, 차폐용, 녹음용, 가로수, 공원수, 독립수, 군식
- 관상가치 : 곧고 단정한 수형, 뾰족하고 깊게 갈라진 잎, 가을에 붉은 단풍
- 내한성 : 강
- 내공해성 : 강
- 내음성 : 강
- 토양적응성 : 적윤지
- 내염성 : 약
- 이 식 : 강

▲ 수고 : 15m

◀ 잎 : 길이 5~16cm, 폭 5~12cm. 5~7매의 열편에는 각각 5~7개의 날카로운 엽선이 있다.

07. 대왕참나무

▲ 수피: 회갈색으로 세로로 갈라진다.

▲ 열매: 길이 10~16mm, 폭 9~15mm이다.

연간관리표

구분	1	2	3	4	5	6	7	8	9	10	11	12
수목변화					꽃					열매		
번식												
이식	이식	이식									이식	
시비										유기질 비료		
전정			전정								전정	
병충해				매미나방		탄저병						

번식

실생번식을 이용한다. 가을에 잘 익은 충실한 도토리를 젖은 모래에 노천매장한다. 설치류가 포식하지 못하도록 보호하고 이듬해 봄에 파종한다.

전정

휴면기인 11~12월 또는 3월에 전정한다. 대왕참나무는 곧은 수간이 아름다운 수목이므로 나무의 수령 20년까지는 주지가 여러 가지로 분지하는 것이 보이면 바로 전정하여 하나의 주지로 만들어준다. 아래 가지들은 밑으로 처지는 경향이 있으므로 단정한 수형을 위하여 제거한다. 죽은 가지, 부러진 가지, 혼잡한 가지를 제거한다.

전정사례
가지가 너무 많다. 간격을 두고 약한 가지부터 제거하며 건강한 가지로 자랄 수 있도록 해야 한다.

🪴 이식

이식 적기는 휴면기인 11월부터 싹이 트기 전 3월까지이다. 이식할 때 가능하면 묘목의 뿌리가 상하지 않도록 분을 만들어 이식한다. 큰 나무를 이식할 때는 뿌리돌림을 해주는 것이 안전하다.

🌱 시비

11월에 밑거름으로 유기질비료를 준다. 산성토양을 좋아하는 수목이며 pH6.5 이상의 알칼리 토양에서는 철 결핍으로 인하여 황화현상이 일어나기 쉽다. 철 결핍으로 인한 황화현상 발생 시 토양의 산도를 pH5.5~6.2에 맞춰주고, 킬레이트된 철 성분이 있는 비료를 준다.

병충해

주요 병해는 탄저병과 참나무그을음병이 있고, 충해는 매미나방이 있다. 탄저병은 이른 봄 새잎이 날 때 기온이 낮고 비가 자주 오면 발생한다. 새순과 어린 잎이 누렇게 시들면서 마치 서리 맞은 것 같은 모습을 띤다. 병든 잎과 가지를 땅속 깊이 묻거나 태운다. 봄에 새순이 나올 때 만코제브수화제를 9주 간격으로 3회 살포한다. 참나무그을음병은 잎이 흑갈색의 그을음덩이 같은 병반들로 뒤덮여 지저분해 보인다. 통풍이 잘 되도록 관리하고 땅에 떨어진 병든 잎은 모아 태우거나 땅속에 묻는다. 매미나방은 피해수목의 잎을 갉아먹는다. 대량 발생시 4월 하순~5월 초순경에 페니트로티온유제나 수화제 1,000배액을 수관에 살포한다.

이용사례

▲ 산책로 변에 열식하여 녹음효과 및 시선 유도 ▲ 산책로 변에 열식하여 녹음효과 및 시선 유도

▲ 공동주택 출입부에 액센트식재하여 입구의 식별성 강조

▲ 공동주택 외곽녹지에 열식하여 차폐효과

▲ 휴게공간에 군식하여 시각적 초점으로 활용

▲ 건물 출입부에 액센트식재하여 입구의 식별성 강조

07. 대왕참나무

08 갈매나무과 대추나무속 낙엽활엽교목
대추나무

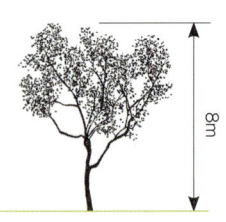

식재지역

- 학 명 : *Ziziphus jujuba* var. inermis (Bunge) Rehder
- 영 명 : Common Jujuba, Chinese Date
- 일본명 : ナツメ
- 중국명 : 棗木
- 기타명칭 : 녀호, 대추
- 원산지 : 한국, 중국, 일본
- 분 포 : 전국에 자생, 전국 식재 가능
- 조경적용도 : 독립수, 군식, 정원용 과수
- 관상가치 : 가을에 붉은 열매
- 내한성 : 강
- 내공해성 : 중
- 내음성 : 중용수
- 토양적응성 : 적윤지
- 내염성 : 강
- 이 식 : 보통

▲ 수형: 타원형 또는 원형, 수고: 8m

▲ 잎: 어긋나며, 난형 또는 달걀형으로 길이 2~6cm, 너비 1~2.5cm이다. 가장자리에 둔한 톱니가 있으며, 광택이 난다.

▲ 꽃: 양성화로 5~6월에 취산화서에 2~3개씩 달려 액생한다.

08. 대추나무

▲ 줄기: 회갈색으로 세로로 불규칙하게 갈라진다.

▲ 열매: 핵과로 타원형이며 9~10월에 적갈색으로 성숙한다.

연간관리표

구분	1	2	3	4	5	6	7	8	9	10	11	12
수목변화					꽃				열매			
번식			깍기접									
이식			중부							남부		
시비		유기질비료				복합비료				유기질비료		
전정			전정									전정
병충해				빗자루병			빗자루병					

🌱 번식

주로 접목으로 번식한다. 분주번식도 가능하다. 대목은 대추나무 종자 또는 맷대추(산조)종자를 이용한다. 종자는 노천매장 후 핵피를 제거하고 25℃ 내외의 파종상에 파종한다. 3월 하순에서 4월 중순 사이에 깎기접한다. 분주번식은 뿌리에서 발생한 새줄기를 나눠 심는다.

✂ 전정

겨울전정은 낙엽 후 봄발아 전까지 휴면기간 중에 실시한다. 자연상태로 재배할 경우 수관 외부만 결실하여 착과량이 감소된다. 수간은 변칙주간형으로 하는 것이 좋다. 수고가 3~4m 정도 되면 서서히 원가지를 감소시켜 영구주지를 5~6개가 되게 한다. 여름 생육기간 중 신초가 잘 자라므로 복잡해진 가지를 솎아내듯이 전정한다. 뿌리부분에서 도장지가 잘 발생하므로 끝부분에서 제거한다.

전정사례
위로 향한 가지, 밀생지, 도장지 등을 제거한다.

이식

중북부지방에서는 3월경에 식재하는 것이 좋다. 남부지방에서는 가을 또는 봄에 식재한다. 기후적응성이 강하여 최저극기온이 -30℃ 이하로 내려가지 않으면 재배가 가능하다. 토양적응성은 강하나 내습성이 약하므로 통기성이 좋은 사양토가 적합하다.

시비

많은 수량을 얻기 위해서는 충분한 비배관리가 필요하다. 11~12월 또는 2~3월경에 밑거름으로 유기질비료 또는 복합비료를 시비한다. 7월 중순경 복합비료를 덧거름으로 준다.

병충해

주요 병해는 빗자루병이 있다. 병징은 가지가 가늘어지고 잎이 작고 밀생하며 황록색을 띠고 빗자루 모양을 이룬다. 병든 나무는 점점 쇠약해져 고사한다. 4~5월 잎이 피기 시작할 때 옥시테트라 사이클린수화제를 수간주사하고 6월 중순~8월 말까지 2주 간격으로 페노뷰카브유제(50%) 또는 페니트로티온유제 1,000배액을 골고루 살포한다. 주요 충해로는 노랑쐐기나방이 있으며 6월에 성충으로 우화하여 잎 뒷면에 알을 낳고 7월에 부화한다. 잎을 바늘구멍과 같이 갉아먹어 엽맥만 남게 된다. 잎을 가해하기 시작할 때 나크수화제 등을 살포하여 방제한다.

이용사례

▲ 녹지에 유실수로 식재

▲ 개인주택 정원에 식재하여 녹음, 관상, 열매 수확 등의 효과 제공

▲ 공동주택 측면 휴식공간에 식재하여 정원 분위기 연출

▲ 공동주택 건물과 주차장 사이에 군식하여 완충효과 및 정원 분위기 연출

▲ 공동주택 전정에 유실수로 식재

08. 대추나무

09 때죽나무

때죽나무과 단풍나무속 낙엽활엽교목

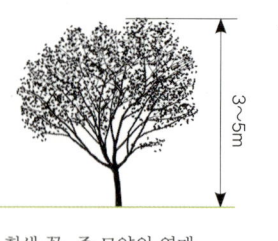

식재지역

- **학 명** : *Styrax japonicus* Siebold & Zucc.
- **영 명** : Japanese Snowbell
- **일본명** : オオバエゴノキ
- **중국명** : 野茉莉
- **기타명칭** : 대쭉나무, 족나무
- **원산지** : 한국, 중국, 일본
- **분 포** : 황해도 이남에 자생, 전국 식재 가능
- **조경적용도** : 장식용, 액센트식재, 가로수, 공원수, 조경수, 독립수, 군식
- **관상가치** : 5~6월에 흰색 꽃, 종 모양의 열매
- **내한성** : 강
- **내공해성** : 강
- **내음성** : 양
- **토양적응성** : 사질양토
- **내염성** : 강
- **이 식** : 보통

▲ 수형: 원정형, 수고: 3~5m

▲ 잎: 호생하며 달걀형 또는 긴 타원형으로 길이 2~8cm, 너비 2~4cm이다. 끝이 뾰족하고 가장자리에 톱니가 있다.

▲ 꽃: 총상화서에 액생하여 2~5개의 흰꽃이 5~6월에 개화한다.

09. 때죽나무 65

▲ 줄기: 흑갈색으로 세로로 갈라지며, 소지가 가늘다.

▲ 열매: 핵과로 원형 또는 타원형이며 9월에 성숙한다. 길이 1~1.3cm로 껍질이 불규칙하게 갈라진다.

연간관리표

구분	1	2	3	4	5	6	7	8	9	10	11	12
수목변화					꽃				열매			
번식			실생, 접목			삽목						
이식			이식								이식	
시비				인산질 비료						유기질비료		
전정			전정								전정	
병충해					때죽납작진딧물							

번식

번식은 실생번식, 삽목번식으로 한다. 실생번식은 가을에 종자를 채취하여 모래와 종자를 3:1로 섞어 절구에 찧어 종피에 상처를 준다. 이것을 맑은 물에 2일간 침적한 후 방충망 용기에 담아 지하 40~50cm 깊이에 노천매장하였다가 이듬해 봄에 파종한다. 삽목번식은 3~4월에 전 해에 자란 가지를 이용하고, 6~7월에 새로 자란 가지를 이용하여 삽목하며 발근율은 높은 편이다. 큰 나무 주위에 어린 묘가 많이 나오는데 이것을 이용해도 된다.

전정

자연수형으로 기르는 것이 아름다우므로 전정은 마른 가지, 죽은 가지, 얽혀 있는 가지를 솎아주는 정도로만 한다. 열매를 관상하지 않을 경우 꽃이 진 후 일찍 따주면 나무의 쇠약을 막을 수 있다.

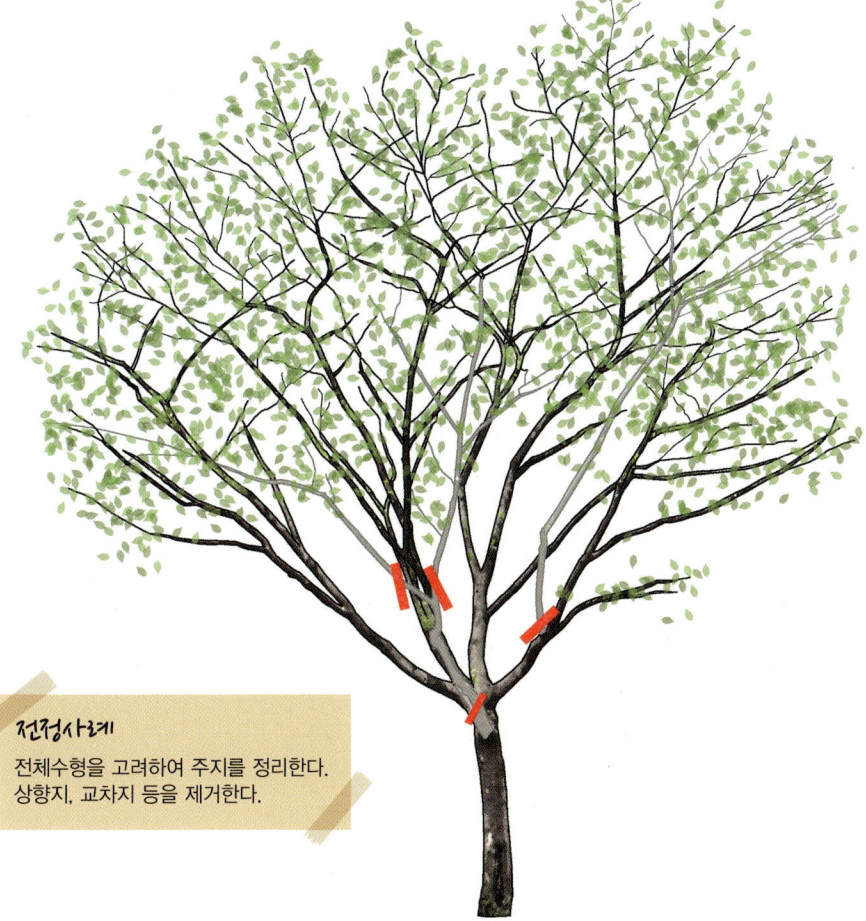

전정사례
전체수형을 고려하여 주지를 정리한다.
상향지, 교차지 등을 제거한다.

이식

이식 적기는 3월이나 11~12월에도 이식할 수 있다. 적기에 이식하면 쉽게 활착한다. 큰나무는 전 해에 뿌리돌림하여 이식한다.

시비

늦가을에 밑거름으로 유기질비료 또는 복합비료를 시비하고, 4월에 덧거름으로 인산질 성분이 강화된 복합비료를 꽃피기 전에 준다.

병충해

병해는 별로 없으며 주요 충해로는 때죽납작진딧물, 깍지벌레, 응애 등이 있다. 때죽납작진딧물은 때죽나무와 쪽동백나무에 피해를 준다. 진딧물이 발생하면 6월 상순경에 어린가지 끝에 황녹색의 방추형 벌레혹이 형성되고 벌레혹 끝에 돌기가 생긴다. 벌레혹 속에는 약 50마리의 약충이 들어 있다. 7월 하순경 진딧물이 탈출하면 벌레혹이 황색으로 변하고 미관상 좋지 않다. 성충이 탈출하기 전에 벌레혹을 채취하여 소각한다. 5월 하순에 메티타티온유제 1,000배액 또는 이미다클로프리드 액상수화제 2,000배액을 10일 간격으로 1~2회 살포한다. 생물학적 방제로는 포식성 천적인 무당벌레류, 풀잠자리류, 거미류 등을 보호한다.

이용사례

▲ 액센트식재하여 시각적 초점으로 활용

▲ 주차장 경계화단에 식재하여 차폐효과

▲ 건물 전면 녹지대에 식재　　　　　▲ 주택 정원에 식재

09. 때죽나무

⑩ 장미과 마가목속 낙엽활엽교목
마가목

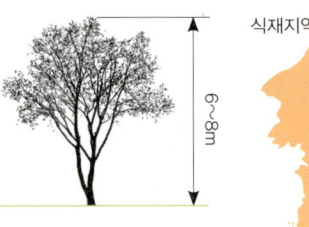

식재지역

- **학 명** : *Sorbus commixta* Hedlund
- **영 명** : Mountain Ash
- **일본명** : ナナカマド
- **중국명** : 馬牙木
- **기타명칭** : 돌감나무, 산감나무
- **원산지** : 한국, 일본
- **분 포** : 중부 이남에 자생, 전국 식재 가능
- **조경적용도** : 장식용, 액센트식재, 가로수, 정원수, 공원수, 독립수
- **관상가치** : 봄에 흰색 꽃, 가을에 붉은 열매
- **내한성** : 강
- **내공해성** : 중
- **내음성** : 음
- **토양적응성** : 사질양토
- **내염성** : 중
- **이 식** : 보통

▲ 수형: 원정형, 수고: 6~8m

▲ 잎: 호생하며 우상복엽으로 소엽 9~15개이다. 길이 2.5~8cm로 가장자리에 길고 뾰족한 톱니가 있다.

▲ 꽃: 복산방화서로 5~6월에 개화한다. 지름 8~12cm로 백색이며 털이 없다.

▲ 줄기: 회갈색으로 거칠고 가는 피목이 있다. 소지에 털이 없고, 동아에 점성이 있다.

▲ 열매: 이과로 구형이며 9~10월에 성숙한다. 지름 5~8mm이며 적색으로 익는다.

연간관리표

구분	1	2	3	4	5	6	7	8	9	10	11	12
수목변화					꽃				열매			
번식			실생, 접목									
이식	이식										이식	
시비			유기질 비료	고형복합비료							유기질 비료	
전정			전정								전정	
병충해				붉은별무늬병								

번식

실생과 삽목번식을 한다. 실생번식은 가을에 열매를 채취하여 과육을 씻어낸다. 과육에는 발아억제물질이 함유되어 있어 과육을 오랫동안 그대로 붙여두면 발아력이 저하된다. 정선한 종자를 젖은 모래와 섞어 땅속에 저장 후 이듬해 봄에 파종한다. 휴면기간이 길어 파종 당년에 발아하는 것은 소수이고 파종 후 2년째에 발아하는 것이 많다. 삽목번식은 이른 봄 싹트기 전에 지난해에 자란 가지를 15cm 길이로 잘라 모래에 1/3 정도 묻히게 꽂는다. 발근율은 낮은 편이다.

전정

휴면기인 11~12월 또는 3월에 전정한다. 수형은 원정형으로 자연스럽게 가꾼다. 성목은 밀생지, 고사지 등을 가볍게 전정한다. 유목 상태에서는 맹아지가 많이 발생하므로 기부에서 제거하고 지주를 세워 수형을 바르게 유도한다.

전정사례
안으로 얽힌 가지, 밀생한 가지, 맹아지 등을 제거한다.

이식

이식 적기는 휴면기인 11월부터 싹이 트기 전 3월까지이지만 한랭지에서는 혹한기를 피해서 눈이 나오기 전에 하는 것이 좋다. 뿌리 주변에 직사광선을 받지 않도록 지피식물을 심어서 차광을 해주면 좋다.

시비

밑거름으로 유기질비료를 11월경이나 3월에 수관선 아래 구덩이를 파고 시비하고, 덧거름으로 조경용 고형복합비료를 수목생장기인 4월 하순~6월 하순에 준다.

병충해

병해로는 붉은별무늬병이 발생하는 수가 있으며, 충해는 거의 없다. 붉은별무늬병은 잎에 적갈색의 반점이 나타나며 시간이 지나면 털 모양의 돌기가 나타난다. 주위에 향나무를 심지 않는다. 4~5월에 트리아디메폰수화제 500배액을 10일 간격으로 4~5회 살포한다.

이용사례

▲ 전정하여 조형미 강조 ▲ 공동주택 앞에 액센트식재하여 시각적 초점으로 활용

▲ 산책로 변에 식재하여 시각적 초점으로 활용

▲ 산책로 변에 열식하여 녹음 조성 및 경관 향상

▲ 산책로 변에 액센트식재하여 시각적 초점으로 활용

매실나무

11 장미과 벚나무속 낙엽활엽교목

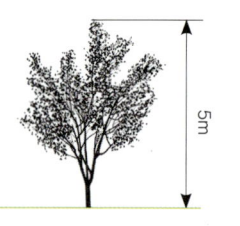

식재지역

- 학 명 : *Prunus mume Siebold & Zucc*
- 영 명 : Japanese Apricot
- 일본명 : ウメ
- 중국명 : 梅
- 기타명칭 : 매화나무
- 원산지 : 중국
- 분 포 : 전국 식재 가능
- 조경적용도 : 장식용, 생울타리, 액센트식재, 정원수, 공원수, 독립수, 군식
- 관상가치 : 이른 봄에 흰색 또는 홍색 꽃, 향기, 열매
- 내한성 : 강
- 내공해성 : 중
- 내음성 : 양
- 토양적응성 : 사질양토
- 내염성 : 약
- 이 식 : 용이

▲ 수형: 원정형, 수고: 5m

▲ 잎: 호생하며 달걀형 또는 난형으로 길이 4~10cm이다. 가장자리에 예리한 잔톱니가 있으며, 양면에 잔털이 있거나 뒷면 맥 위에 털이 있다.

▲ 꽃: 지름 2~2.5cm로 잎보다 먼저 4월에 개화한다. 연한 홍색으로 향기가 매우 진하다.

▲ 줄기: 회녹색으로 불규칙하게 갈라진다.

▲ 열매: 핵과로 구형이며 지름 2~3cm이고 7월에 황색으로 성숙한다.

연간관리표

구분	1	2	3	4	5	6	7	8	9	10	11	12
수목변화				꽃			열매					
번식			접목									
			삽목									
이식			이식									이식
시비				화성비료							유기질비료	
전정		전정									전정	
병충해	고약병										고약병	

🌱 번식

실생번식, 삽목번식, 접목번식 모두 가능하나 일반적으로 접목으로 번식시킨다. 실생번식은 성숙한 열매를 채취하여 과육을 제거하고 젖은 모래에 노천매장 후 봄에 파종한다. 실생묘는 6~7년이 되어야 꽃이 핀다. 삽목번식은 3월 중순에서 4월 상순 사이에 지난해 자란 충실한 가지를 20cm 길이로 잘라 삽목한다. 접목번식은 2월 중순에서 3월 상순에 실시하며 주로 깎기접을 한다. 대목은 매화나무 2~3년생 실생묘가 이용된다.

전정

낙엽 후인 11~12월 또는 2월에 전정한다. 적어도 매년 1회의 전정이 필요하다. 수형은 개심자연형 또는 변칙주간형이 적합하다. 생장력이 강하므로 솎음 전정 위주로 한다. 원가지 및 덧원가지를 제외하고는 강전정(1/2절단)은 피한다. 열매는 새 가지

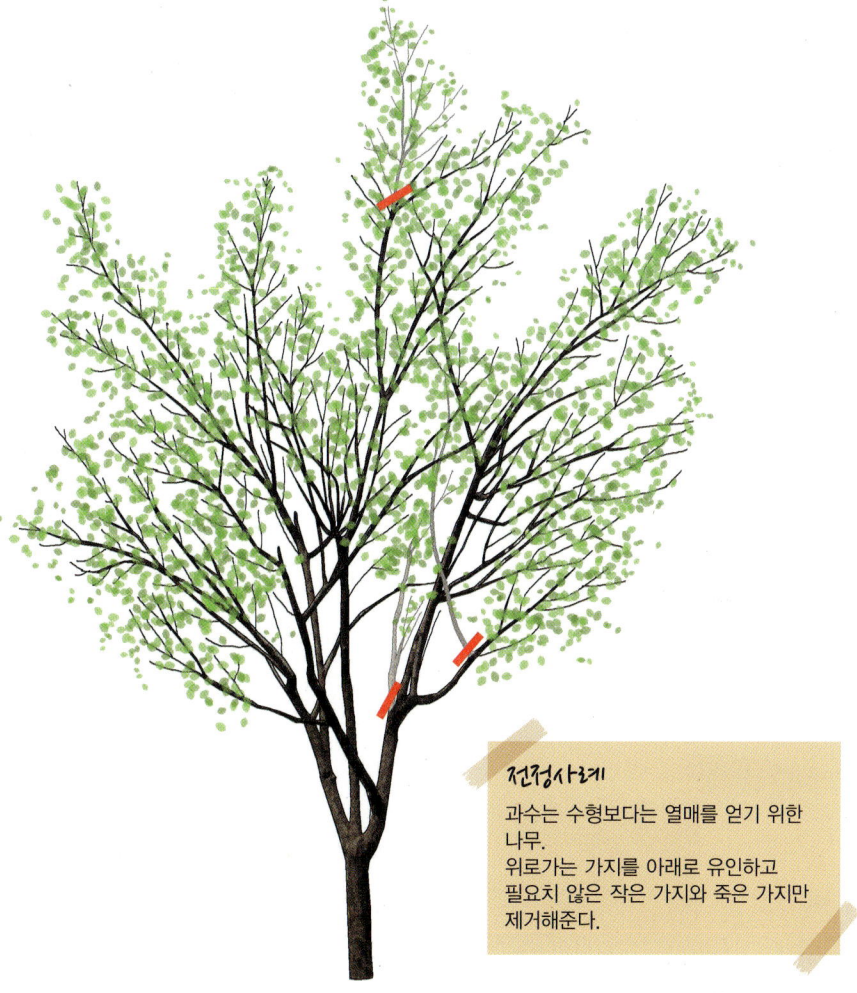

전정사례
과수는 수형보다는 열매를 얻기 위한 나무.
위로가는 가지를 아래로 유인하고 필요치 않은 작은 가지와 죽은 가지만 제거해준다.

의 잎겨드랑이에 착생한다. 열매가지가 30cm 이상 자라면 낙과하기 쉬우므로 그 이하로 열매가지를 확보하고 5~10cm 간격으로 배치한다. 8월 중순까지는 길게 자라는 올해 가지를 제거하여 꽃눈의 형성을 촉진시키도록 한다. 유목은 원가지 및 덧원가지 형성을 위해 강전정하고 성목은 약전정한다.

이식

이식은 휴면기인 11월~2월이 적기이다. 기온이 낮은 4~5℃에 뿌리의 활동을 시작하므로 봄보다는 가을에 식재하는 것이 좋다. 매실나무는 비교적 이식에 강한 편이나 큰 나무는 뿌리돌림 후 이식한다. 가지가 넓게 퍼지는 특성이 있으나 조경용으로는 보통 2~3m 간격으로 식재한다. 과수용으로는 보통 6×6m의 정방형식으로 식재한다. 이식 후에는 가지와 줄기를 강하게 전정한다. 토양은 pH5.8~7.0이 적당하고 토심이 깊은 사질양토가 생장에 좋다. 내습성이 약하므로 배수가 불량한 곳은 배수시설을 설치한다. 붉은색 꽃이 피는 종은 주로 중부지방에 심고 흰색으로 피는 종은 내한성이 약해서 주로 남부지방에 심는다.

시비

천근성으로 주된 뿌리가 지표면 20~30cm 깊이에 분포하며 양분을 흡수하는 잔뿌리는 지표면 10cm 아래에 60%가 분포한다. 밑거름은 11~12월에 유기질비료와 복합비료를 주고 덧거름은 4~5월과 7월에 복합비료를 시용한다. 유목은 생장을 촉진시키기 위해 질소를 시비하고, 성목은 열매를 생산하기 위해 칼리를, 노목은 수세유지를 위해 질소를 주체로 시비한다.

이용사례

▲ 건물 전면에 군식하여 경관 향상

▲ 액센트식재하여 시각적 초점으로 활용

병충해

주요 병해로는 고약병, 흑점병, 탄저병이 있고 충해는 깍지벌레와 진딧물 등이 있다. 고약병은 줄기나 가지에 3~5cm 크기의 벨벳 같은 회색 반점이 생기며, 깍지벌레의 분비물에 의해 전파된다. 발생 부위를 솔로 긁어내고 지오판도포제를 1~2번 도포한다. 12~2월 상순에 기계유유제 또는 석회유황합제를 7일 간격으로 3~4회 살포하고, 채광과 통풍이 잘 되도록 가지를 솎아준다.

▲ 공동주택 외곽녹지에 식재하여 시각적 초점으로 활용

▲ 액센트식재하여 시각적 초점으로 활용

▲ 주차장 입구에 액센트식재하여 시각적 초점으로 활용

12 낙우송과 메타세쿼이아속 낙엽침엽교목
메타세쿼이아

식재지역

- 학 명 : *Metasequoia glyptostroboides* Hu & W. C. Cheng
- 영 명 : Dawn Redwood
- 일본명 : メタセコイア
- 중국명 : 水杉
- 기타명칭 : 수송, 수삼나무
- 원산지 : 중국
- 분 포 : 전국 식재 가능
- 조경적용도 : 차폐용, 녹음용, 독립수, 군식, 열식, 가로수, 공원수
- 관상가치 : 단정한 수형이 아름다움
- 내한성 : 강
- 내공해성 : 중
- 내음성 : 양수
- 토양적응성 : 사질양토
- 내염성 : 중
- 이 식 : 보통

▲ 수형: 원추형, 수고: 35m

▲ 잎: 선형이고 마주나며 길이 10~23mm, 너비 1.5~2.0mm이며, 두 줄로 우상배열하고 소지에 달린다.

▲ 꽃: 암수한그루로 2월에 개화한다. 수꽃은 총상화서로 길게 늘어지고, 암꽃은 가지 끝에 단생한다.

12. 메타세쿼이아

▲ 줄기: 적갈색으로 세로로 벗겨진다.

▲ 열매: 구과는 구형 또는 원주형으로 아래로 처지며, 9~10월에 성숙한다. 종자는 도란형으로 날개가 있다.

연간관리표

구분	1	2	3	4	5	6	7	8	9	10	11	12
수목변화			꽃						열매			
번식					삽목							
이식				이식							이식	
시비			유기질비료	고형복합비료							유기질비료	
전정			전정								전정	
병충해				박쥐나방				잎마름병				

번식

실생번식과 삽목번식 모두 가능하지만 삽목의 활착률이 높아 삽목번식을 주로 한다. 실생번식은 가을에 구과를 채취하여 건조시켜 채종한다. 종자를 기건저장하였다가 이듬해 봄 파종하기 1개월 전에 저온저장 후 파종한다. 삽목번식은 3월경 싹트기 전에 지난해 자란 가지 중 충실한 것을 골라 10cm로 자른 후 토양에 꽂으면 40~50일 이후에 발근한다. 또는 6월에 그해에 자란 충실한 가지를 10cm 길이로 잘라 꽂는다. 여름에 꽂은 것은 봄에 비해 활착률이 높으며 이식 후 건조하여 고사하는 것이 없다.

전정

전정은 마른 가지와 혼잡한 가지를 솎아주는 정도로 하여 자연 수형을 유지하면 자라면서 원추형이 된다.

전정사례
바르게 자라는 가지에 방해가 되므로 위로 향한 가지는 제거해야 한다.

🪴 이식

이식 적기는 낙엽 후인 11~12월 또는 3~4월이다. 건조에 약하므로 마르지 않게 관리한다. 차폐용이나 가로수용으로는 흉고직경 10~12cm가 적당하다. 큰 나무를 이식할 때에는 뿌리돌림하고 이식 후에는 반드시 지주세우기를 한다.

🪴 시비

밑거름으로 유기질비료를 11월경이나 3월에 수관선 아래 구덩이를 파고 시비하고, 덧거름으로 조경용 고형복합비료를 수목생장기인 4월 하순~6월 하순에 준다.

병충해

주요 병해는 메타세쿼이아 잎마름병이 있고 충해는 박쥐나방이 있다. 메타세쿼이아 잎마름병은 잎 끝이 갈색으로 변하기 시작하여 회갈색이 된다. 가지를 솎아내어 통풍이 잘 되게 하고 비배관리를 하여 수세를 회복시킨다. 동수화제를 1~2회 살포한다. 박쥐나방은 애벌레가 수피와 형성층 사이를 환상으로 식해하면서 거미줄을 토하여 배설물과 먹이 찌꺼기를 바깥에 철하므로 혹같이 보인다. 벌레집을 제거하고 페니트로티온유제를 주입한다.

이용사례

▶ 주차장과 어린이 놀이터 사이에 식재하여 차폐효과 및 녹음제공

▲ 공동주택 측면에 식재하여 건축선을 완화

▲ 도로변에 식재하여 미관을 저해하는 공장건물 차폐

▲ 수경공간에 열식하여 시원한 느낌 강조

▲ 산책로에 열식하여 테마 가로경관으로 조성

▲ 산책로에 식재하여 시선유도 및 녹음효과

13 무환자나무과 모감주나무속 낙엽활엽교목
모감주나무

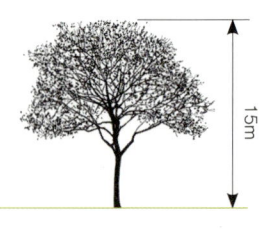

식재지역

- 학 명 : *Koelreuteria paniculata* Laxmann
- 영 명 : Goldenrain Tree
- 일본명 : モクゲンジ
- 중국명 : 欒樹
- 기타명칭 : 염주나무
- 원산지 : 한국, 중국, 일본
- 분 포 : 중부 이남에 자생, 전국 식재 가능
- 조경적용도 : 장식용, 방풍용, 방조용, 액센트식재, 공원수, 독립수, 군식
- 관상가치 : 여름에 황금색 꽃, 가을에 붉은 단풍, 열매
- 내한성 : 강
- 내공해성 : 강
- 내음성 : 양
- 토양적응성 : 사질양토, 점토
- 내염성 : 강
- 이 식 : 용이

▲ 수형: 원형 또는 난형, 수고: 15m 내외

▲ 잎: 호생하며 난형으로 길이 25~35cm이다. 가장자리에 불규칙하고 둔한 톱니가 있으며, 입맥을 따라 털이 있다.

▲ 꽃: 가지 끝에 원추화서로 길이 25~35cm의 황금색 꽃이 6월에 개화한다. 꽃받침은 5개로 갈라지고 꽃잎 4개 모두 위를 향하며, 개화기간이 길다.

13. 모감주나무

▲ 줄기: 회갈색으로 피목이 발달해 있다.

▲ 열매와 종자: 꽈리 모양의 삭과로 길이 4~5cm이며 10월에 성숙한다. 익으면 3개로 갈라지고 3개의 종자가 들어 있다.

연간관리표

구분	1	2	3	4	5	6	7	8	9	10	11	12
수목변화						꽃				열매		
번식			실생			삽목						
이식			이식								이식	
시비			유기질비료	고형복합비료							유기질비료	
전정			전정								전정	
병충해						박쥐나방						

번식

실생번식과 삽목번식을 이용한다. 실생번식은 가을에 종자를 채취하여 모래와 종자를 3:1로 섞어 절구에 찧어 종피에 상처를 준다. 이것을 맑은 물에 2일간 침적한 후 방충망 용기에 담아 지하 40~50cm 깊이에 노천매장하였다가 이듬해 봄에 파종한다. 삽목번식은 6~7월에 새로 자란 가지를 잘라 꽂으며 차광을 해준다.

전정

마른 가지와 얽혀 있는 가지, 도장지 정도만 솎아주고 자연스런 수형으로 가꾼다.

이식

이식 적기는 휴면기인 11월부터 싹이 트기 전 3월까지이다. 이식할 때 가능하면 묘목의 뿌리가 상하지 않도록 분을 만들어 이식하며 뿌리분에 주의하여 식재한다. 큰

전정사례
주간과 곁가지가 서로 얽혀 있다.
성목이 되면 상처가 깊고 불균형해질 수 있다.

나무를 이식할 때는 뿌리돌림을 해주는 것이 안전하다.

시비

비료를 많이 줄 필요가 없는 수종이지만 토양이 척박하다면 밑거름으로 유기질비료를 11월경이나 3월에 수관선 아래 구덩이를 파고 시비하고, 웃거름으로 조경용 고형복합비료를 수목생장기인 4월 하순~6월 하순에 준다.

병충해

특별한 병충해는 없으며, 박쥐나방이 생기는 경우가 있다. 박쥐나방은 줄기를 파먹으며 피해를 받으면 껍질이 부정형으로 갈라져 보인다. 구멍에 철사를 넣어 애벌레를 찔러 죽이거나 다이아지논유제 100배액을 주사기로 주입한다.

▲ 공동주택에 군식하여 녹음효과 및 시각적 초점으로 활용

▲ 가로변에 식재하여 녹음효과 및 경관 향상

▲ 산책로에 식재하여 녹음효과

▲ 가로변에 식재하여 녹음효과 및 경관 향상   ▲ 공동주택 전면 녹지대에 군식

14 장미과 명자나무속 낙엽활엽교목
모과나무

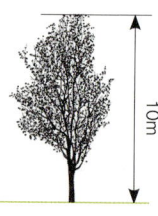
식재지역

- **학 명** : *Chaenomeles sinensis* (Thouin) Koehne
- **영 명** : Chinese Quince
- **일본명** : カリン
- **중국명** : 木瓜
- **기타명칭** : 모개나무
- **원산지** : 중국
- **분 포** : 전국 식재 가능
- **조경적용도** : 액센트식재, 정원수, 공원수, 독립수, 군식
- **관상가치** : 얼룩무늬 수피, 연분홍색 꽃, 가을에 노란 열매
- **내한성** : 강
- **내공해성** : 강
- **내음성** : 양
- **토양적응성** : 사질양토
- **내염성** : 강
- **이 식** : 용이

▲ 수형: 원정형, 수고: 10m

▲ 잎: 호생으로 타원형이며 가장자리에 뾰족한 잔톱니가 있다. 길이 5~8cm, 너비 3.5~5.5cm로 피침형 턱잎은 가장자리에 털이 있다.

▲ 꽃: 잎과 함께 5월에 개화한다. 가지 끝에 지름 2.5~3cm의 꽃으로 1개씩 달린다.

14. 모과나무

▲ 줄기: 홍갈색과 녹색의 얼룩무늬가 있으며, 비늘 모양으로 벗겨진다.　▲ 열매: 긴 타원형 또는 원형으로 지름이 8~15cm의 황색 열매가 9월에 성숙한다. 목질이 발달하고 향기가 좋다.

연간관리표

구분	1	2	3	4	5	6	7	8	9	10	11	12
수목변화					꽃				열매			
번식			접목,삽목			삽목						
이식		이식									이식	
시비								복합비료			유기질비료	
전정	전정											전정
병충해					붉은별무늬병		점무늬병					

번식

실생번식도 가능하나 주로 접목과 삽목으로 번식한다. 접목용 실생대목은 가을에 채종 후 직파하거나 노천매장하였다가 다음 해 봄에 파종하여 이용한다. 접수는 우량 품종에서 채취한다. 깎기접은 3월 중에 실시한다. 삽목은 3월 또는 6월에 실시한다. 삽수의 길이는 15~20cm가 적당하다.

전정

휴면기인 12~2월에 전정한다. 수형은 개심자연형이 좋다. 꽃눈은 단과지에서는 가지 끝에 착생하고 장과지에서는 충실한 새 가지 기부에 착생한다. 지난해 자란 가지는 선단을 1/3~1/2 정도 절단전정을 하고 원가지나 곁가지에서 발생하는 도장지는 기부에서 자른다. 3년생부터 결실하며 결실시킬 새 가지는 수평으로 유인한다.

전정사례
맹아지, 도장지, 밀생한 가지 등을 제거한다.

이식

낙엽이 지고 난 후부터 다음 해 봄까지가 좋으며 혹한기는 피한다. 유효토층이 넓고 비옥한 토양에서 잘 자란다. 수분이 부족하면 과육의 흑변장해 등 생리장해를 일으킨다. 토양은 pH5.5~6.0이 적당하다.

시비

낙엽 후 휴면기에 유기질비료와 복합비료를 밑거름으로 준다. 9월에 웃거름으로 복합비료를 시비한다.

병충해

주요 병해는 붉은별무늬병, 점무늬병이 있고, 충해는 진딧물, 나무이가 있다. 붉은별무늬병은 4~7월에 별 모양의 붉은 반점이 생기는데 가까이에 향나무가 있으면 매년 발생한다. 향나무를 제거하고 5월에 티디폰수화제, 터부코나졸수화제 등을 10일 간격으로 3번 살포한다. 점무늬병은 7~9월에 갈색의 다각형 병반이 여러 개 발생한다. 심해지면 잎이 모두 떨어진다. 7~8월에 15일 간격으로 지오판수화제를 3~4회 살포한다.

이용사례

▲ 산책로 변에 식재하여 시각적 초점으로 활용

▲ 산책로 변에 식재하여 정원 분위기 연출

▲ 잔디밭에 액센트식재하여 시각적 초점으로 활용

▲ 건물 전면에 군식하여 차폐효과 및 시각적 초점으로 활용

▲ 주차장 녹지에 액센트식재하여 완충효과 및 시각적 초점으로 활용

▲ 공동주택 주동정원에 군식하여 정원 분위기 연출 및 시각적 초점으로 활용

⑮ 부처꽃과 배롱나무속 낙엽활엽교목
배롱나무

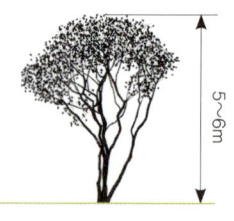

식재지역

- 학 명 : *Lagerstroemia indica* L.
- 영 명 : Crape Myrtle
- 일본명 : サルスベリ
- 중국명 : 百日紅
- 기타명칭 : 목백일홍
- 원산지 : 중국
- 분 포 : 전국 식재 가능
- 조경적용도 : 장식용, 액센트식재, 가로수, 정원수, 공원수, 독립수
- 관상가치 : 수형, 매끄러운 수피, 여름에 붉은 꽃
- 내한성 : 중
- 내공해성 : 중
- 내음성 : 양
- 토양적응성 : 사질양토
- 내염성 : 강
- 이 식 : 용이

▲ 수형: 원정형, 수고: 5~6m 내외

▲ 잎: 대생하며 타원형 또는 도란형으로 길이 2.5~7cm로 두껍다. 광택이 있고 엽맥을 따라 털이 나며 거치는 없다.

▲ 꽃: 가지 끝에 원추화서로 길이 10~20cm의 붉은색 꽃이 7~8월에 개화한다. 꽃잎은 6개이며 둥글고 주름이 많다.

▲ 줄기: 갈색으로 매끈하며 얇은 조각으로 벗겨진다. 벗겨진 자리는 백색이고, 소지는 네모진다.

▲ 열매: 삭과로서 넓은 피침형 또는 광타원형으로 6실이나 간혹 7~8실인 것도 있다. 갈색으로 10월에 성숙한다.

연간관리표

구분	1	2	3	4	5	6	7	8	9	10	11	12
수목변화							꽃			열매		
번식			실생			삽목						
이식				이식								
시비							복합비료			유기질비료		
전정			전정								전정	
병충해			흰가루병			알락진딧물						

번식

실생과 삽목번식을 한다. 실생번식은 가을에 종자를 채취하여 노천매장하였다가 봄에 파종한다. 파종 시 종자량은 $0.02~0.03\ell/m^2$ 정도로 하고, 3mm 두께로 복토한 다음 짚으로 얇게 덮어준다. 삽목번식은 봄에 연필 굵기만 한 가지를 15~20cm로 잘라서 꽂거나 6~7월에 새로 자란 가지를 12~13cm로 잘라 꽂는다.

전정

11~12월 또는 3월에 전정한다. 굵은 가지를 전정하면 맹아지에 큰 꽃이 피고, 가는 가지를 전정하면 작은 꽃이 많이 핀다. 매년 같은 곳을 전정하면 가지 끝이 혹처럼 변하므로 조금 위나 밑으로 위치를 옮겨 전정하도록 한다. 꽃이 일찍 핀 가지를 만개 후 빨리 전정하면 한 번 더 개화시킬 수 있다.

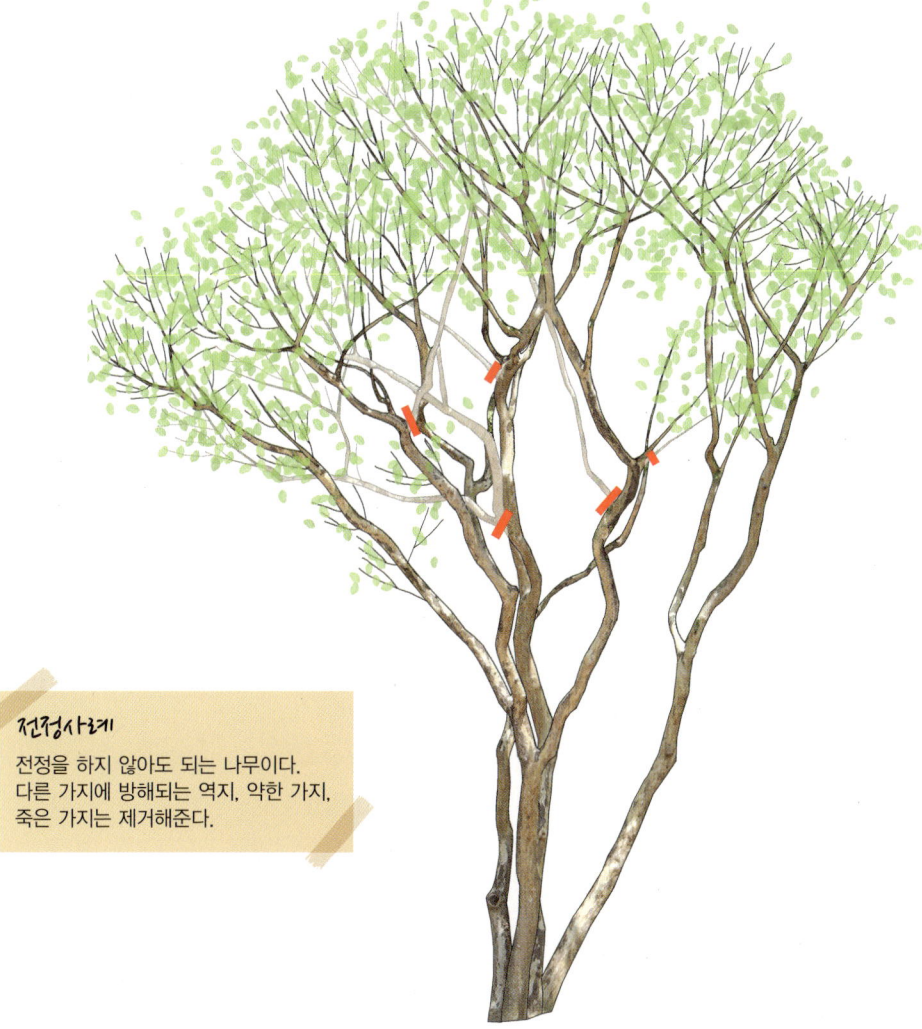

전정사례
전정을 하지 않아도 되는 나무이다.
다른 가지에 방해되는 역지, 약한 가지,
죽은 가지는 제거해준다.

이식

이식 적기는 3월 하순~4월 중순이며, 혹한기와 혹서기를 제외하면 연중이식이 가능하다. 이식은 용이한 편이고 노목이라도 적당히 가지를 잘라 증산을 억제해주면 활착이 잘 된다. 중부지방에서는 겨울에 수간을 감아 방한한다.

시비

11~12월에 밑거름으로 유기질비료 또는 복합비료를 주고, 7월경에도 조금 적은 양의 덧거름을 시비한다.

병충해

주요 병해로는 흰가루병, 갈색반점병, 그을음병 등이 있고 해충으로는 진딧물, 깍지벌레 등이 발생한다. 흰가루병은 잎 표면에 백색의 크고 작은 반점들이 나타나며, 커지면 잎을 흰 가루로 뒤덮는다. 낙엽을 수거하여 소각하고 통풍과 햇빛이 잘 들도록 밀생한 가지를 잘라준다. 나무가 쇠약하지 않도록 충분히 시비한다. 봄에 새순이 나오기 전에 석회유황합제를 1~2회 살포하며 장마 직후에 만코제브수화제를 2주 간격으로 살포한다. 배롱나무알락진딧물은 여름철 잎 뒷면에 황색의 진딧물이 집단으로 모여 살면서 즙액을 흡수한다. 피해 발생 시 아세페이트수화제 1,000배 희석액을 2회 살포한다.

이용사례

▲ 군식하여 경관 향상 및 시각적 초점으로 활용

▲ 대교목 하부에 군식하여 시각적 초점으로 활용

▲ 휴게공간에 군식하여 정원 분위기 연출

▲ 공동주택 중심정원에 군식하여 시각적 초점으로 활용

16 목련과 목련속 낙엽활엽교목
백목련

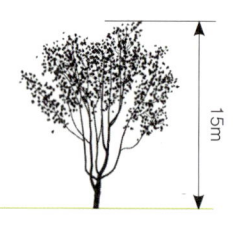

식재지역

- 학 명 : *Magnolia heptapeta* (Buc'hoz) Dandy
- 영 명 : Lily Tree, Yulan Magnolia
- 일본명 : ハクモクレン
- 중국명 : 白木蓮
- 기타명칭 : 흰가지꽃나무
- 원산지 : 중국
- 분 포 : 전국 식재 가능
- 조경적용도 : 장식용, 액센트식재, 정원수, 공원수, 독립수
- 관상가치 : 이른 봄 잎보다 먼저 피는 흰색 꽃
- 내한성 : 강
- 내공해성 : 중
- 내음성 : 중용수
- 토양적응성 : 적윤지
- 내염성 : 강
- 이 식 : 용이

▲ 수형: 평정형, 수고: 15m

▲ 잎: 호생하며 도란형 또는 넓은 타원형으로 길이 10~15cm 이다. 표면에 털이 약간 있고 뒷면은 연한 녹색으로 엽맥에 털이 약간 있다.

▲ 꽃: 잎보다 먼저 3~4월에 개화한다. 향기가 강하며, 꽃잎이 6개이고 백색이다.

16. 백목련

▲ 줄기: 회갈색으로 어린가지와 동아에 털이 있다.

▲ 열매: 골돌과로 원추형이며 길이 13~15cm, 지름 3.5~5cm로 9월에 성숙한다. 종자는 난형으로 길이 9mm, 너비 1cm이다.

연간관리표

구분	1	2	3	4	5	6	7	8	9	10	11	12
수목변화			꽃						꽃			
번식			실생									
이식			이식								이식	
시비						복합비료					유기질비료	
전정	전정											
병충해					흰가루병							

번식

주로 실생으로 대목을 만들어 접목으로 번식시킨다. 실생번식은 종자를 싸고 있는 얇은 과육을 제거한 다음 습기가 있는 모래와 섞어 땅속에 묻는다. 이듬해 봄에 종자를 꺼내 파종하면 4~5월에 발아한다. 접목번식은 2~3년생 목련 실생묘를 대목으로 사용한다. 접수는 전년생 가지를 사용한다.

전정

목련류는 전정을 좋아하지 않는다. 넓은 장소에 식재된 경우에는 전정이 필요없다. 좁은 공간에 식재된 백목련의 경우 4~5년에 한 번 굵은 가지를 제거한다. 1~2월에 얽힌 가지와 복잡해진 가지, 도장지 등 불필요한 가지를 전정하여 수형을 유지한다. 백목련은 수형이 크게 되므로 좁은 장소에서는 4~5년에 한 번 개화가 끝나면 바로 굵은 가지를 제거하여 수형을 만들어간다.

전정사례
목련은 전정을 하지 않아도 되는 나무이나, 불필요한 가지는 제거한다.

🌱 이식

이식 적기는 휴면기인 11월부터 싹이 트기 전 3월까지이다. 이식할 때 가능하면 묘목의 뿌리가 상하지 않도록 분을 만들어 이식한다. 큰 나무를 이식할 때는 뿌리돌림을 해주는 것이 안전하다.

🪴 시비

11~12월에 밑거름으로 유기질비료 또는 복합비료를 주고, 7월경에도 적은 양의 덧거름을 준다.

병충해

주요 병해로는 흰가루병, 탄저병, 반점병 등이 있으며, 충해는 깍지벌레, 진딧물, 응애가 발생할 수 있다. 흰가루병은 잎에 흰 가루가 덮이는 병으로 병든 잎을 소각하고 타이젠을 살포한다. 깍지벌레는 지상부를 흡즙 가해한다. 겨울에 기계유유제를 살포하거나 유충발생기인 6월에 2~3회 메프유제를 1주일 간격으로 2~3회 살포한다.

▲ 건물 전면에 군식하여 차폐효과　　　　▲ 건물 측벽에 군식하여 차폐효과와 함께 정원 분위기 연출

▲ 건물 전면에 군식하여 차폐효과

▲ 산책로를 따라 열식

▲ 공동주택 전면에 군식하여 차폐효과와 함께 정원 분위기 연출

▲ 액센트식재하여 시각적 초점으로 활용

16. 백목련

⑰ 단풍나무과 단풍나무속 낙엽활엽교목
복자기

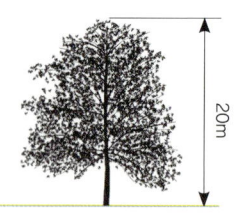

- 학 명 : *Acer triflorum* Kom.
- 영 명 : Rough-barked Maple
- 일본명 : オニメグスリ
- 중국명 : 鬼目樂木
- 기타명칭 : 나도박달나무
- 원산지 : 한국, 중국, 러시아
- 분 포 : 중부 이북에 자생, 전국 식재 가능
- 경적용도 : 장식용, 액센트식재, 가로수, 공원수, 독립수
- 관상가치 : 수피, 가을에 붉은 단풍
- 내한성 : 강
- 내공해성 : 보통
- 내음성 : 음
- 토양적응성 : 사질양토
- 내염성 : 약
- 이 식 : 용이

▲ 잎: 대생하며 긴 타원형 또는 타원상 피침형이다. 길이 7~8cm, 너비 5cm로, 뒷면 맥 위에 억센 털이 있다.

▲ 꽃: 가지 끝에 산방화서로 3개씩 달려 5월에 개화한다. 꽃자루에 갈색 털이 있다.

▲ 수형: 난형 또는 원형, 수고: 20m 내외

17. 복자기

▲ 줄기: 회갈색으로 붉은빛이 돌며, 피목은 백색이고 동아는 흑색이다.
▲ 열매: 시과로 날개가 예각 또는 둔각으로 벌어지며, 9~10월에 성숙한다. 길이 5cm, 너비 1.5cm로 털이 있다.

연간관리표

구분	1	2	3	4	5	6	7	8	9	10	11	12
수목변화					꽃				열매			
번식				실생								
이식				이식							이식	
시비							복합비료				유기질비료	
전정		전정									전정	
병충해				알락하늘소 꼬마쐐기나방	타르점무늬병							

🌱 번식

실생번식은 10월에 종자를 채취하여 노천매장하였다가 2년째 봄에 파종한다. 노천매장 시 건조하지 않게 관리해야 발아율이 좋다.

✂️ 전정

자연수형으로 기르는 것이 아름다우므로 전정은 마른 가지, 죽은 가지, 얽혀 있는 가지를 솎아주는 정도로만 한다. 11~12월 또는 2~3월에 전정한다.

🌿 이식

이식 적기는 휴면기인 11월부터 싹이 트기 전 3월까지이다. 습기가 있는 사질양토나 부식질 양토가 적합하다. 직사광선을 피하고 큰 나무는 줄기에 흙을 바르거나 새끼를 감아 건조를 방지한다.

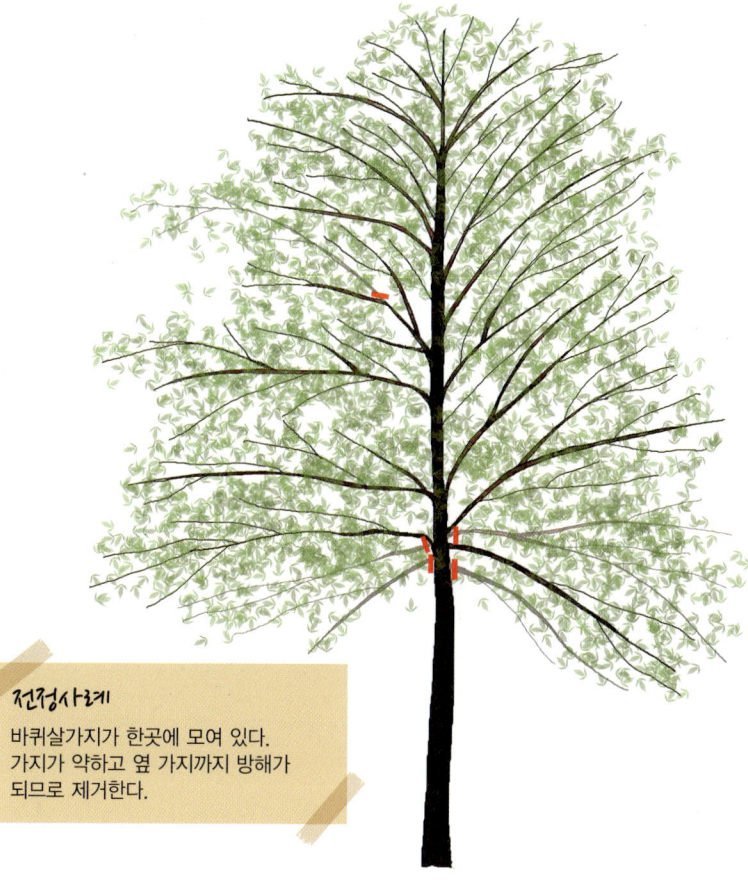

전정사례
바퀴살가지가 한곳에 모여 있다.
가지가 약하고 옆 가지까지 방해가
되므로 제거한다.

시비

11~12월에 밑거름으로 유기질비료를 주고, 7월경에 복합비료를 덧거름으로 시비한다.

병충해

주요 병해는 단풍나무류작은타르점무늬병, 흰가루병이 있고, 충해는 알락하늘소, 흰불나방, 꼬마쐐기나방, 오리나무좀이 있다. 단풍나무류작은타르점무늬병은 8월경에 발생하기 시작하는데, 처음에는 녹색의 잎 표면에 담황색의 반점들이 생기며, 이어서 중심에 윤기가 약간 나는 까만 딱지 같은 반점들이 여러 개씩 무리지어 나타난다. 병든 잎은 모아서 소각하고, 매년 심하게 발생하는 나무에는 6월부터 만코제브 수화제, 동수화제 등을 2주 간격으로 2회 살포한다. 알락하늘소는 애벌레가 나무줄기 밑부분을 뚫고 침입하여 목질 부분을 먹는다. 성충은 잎과 가는 가지를 먹어 피

17. 복자기

해를 주는데, 나뭇가지의 껍질을 뺑 돌려 고리처럼 갉아먹으며 가지 끝은 말라 죽는다. 어린 애벌레는 철사로 찔러 죽인다. 발생 초기에 파프분제(2%) 13㎖/물 20ℓ의 농도로 살포한다. 꼬마쐐기나방은 애벌레가 잎을 식해한다. 클로르피리포스 수화제 1,000배액을 살포한다.

이용사례

▶ 산책로 변에 식재하여 경관 향상 및 차폐효과

▶ 수경공간에 식재하여 시각적 초점으로 활용

▶ 산책로 변에 열식

▲ 열식하여 차폐효과

▲ 산책로 모퉁이에 액센트식재하여 시각적 초점으로 활용

▲ 군식하여 자연스런 경관 연출

18 층층나무과 층층나무속 낙엽활엽교목
산딸나무

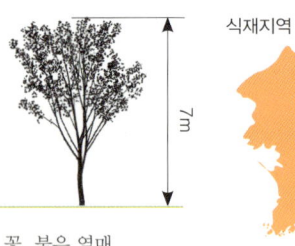

식재지역

- 학　명 : *Cornus kousa* F. Buerger ex Miq.
- 영　명 : Japanese Dogwood, Kousa Dogwood
- 일본명 : ヤマボウシ
- 중국명 : 四照花
- 기타명칭 : 쇠박달나무, 미영꽃나무
- 원산지 : 한국, 중국, 일본
- 분　포 : 중부 이남에 자생, 전국 식재 가능
- 조경적용도 : 장식용, 생울타리, 액센트식재, 정원수, 공원수, 독립수, 군식
- 관상가치 : 수형, 흰색 꽃, 붉은 열매
- 내한성 : 강
- 내공해성 : 중
- 내음성 : 음
- 토양적응성 : 사질양토
- 내염성 : 약
- 이　식 : 용이

▲ 수형: 평정형, 수고: 7m

▲ 잎: 대생으로 타원형이며 가장자리가 밋밋하거나 물결 모양의 톱니가 있다. 표면은 암녹색이며 뒷면은 회녹색으로 복모가 밀생한다.

▲ 꽃: 두상화서로 5~6월에 백색으로 개화한다. 꽃잎과 수술은 각각 4개이며, 총포편은 4개의 꽃잎 모양으로 사방에 퍼져 난형을 이룬다.

18. 산딸나무

▲ 줄기: 홍갈색이며 가지는 층을 지어 수평으로 퍼진다.

▲ 열매: 취과로 둥글며 지름 1.5~2.5cm이고 10월에 적색으로 성숙한다.

연간관리표

구분	1	2	3	4	5	6	7	8	9	10	11	12
수목변화					꽃					열매		
번식			접목									
이식		이식									이식	
시비							복합비료			유기질비료		
전정			전정								전정	
병충해						흰불나방						

번식

실생번식, 삽목번식, 접목번식을 한다. 실생번식은 9~11월에 종자를 채종하여 과육을 제거한 후 젖은 모래와 섞어 약 4℃ 정도에 저장했다가 이듬해 봄에 파종한다. 1ℓ당 종자 수량은 16,000개 정도 된다. 파종상은 마르지 않게 관리해야 발아율이 좋아진다. 삽목번식은 3~4월경에 지난해 자란 가지를 15cm 내외로 잘라 모래나 마사토에 꽂으면 된다.

전정

휴면기인 11~12월 또는 3월에 전정한다. 도장지와 얽힌 가지를 솎아내는 정도로만 하여 자연수형으로 가꾼다. 좁은 장소의 컨테이너 등에서 재배할 경우에는 원하는 높이의 윤생지 위를 자르고 옆 가지는 수관 주위의 분지한 곳에서 자르도록 한다.

전정사례
교차지, 밀생지, 도장지 등을 제거한다.

이식

이식 적기는 2~3월 눈 트기 전이나 10~11월이다. 산딸나무는 이식이 잘 되지 않는 나무이므로 큰 나무는 1년 전 뿌리돌림을 한다. 속성수이기 때문에 어린 나무를 심는 것도 좋다.

시비

11~12월에 밑거름으로 유기질비료 또는 복합비료를 주고, 7월경에 덧거름으로 복합비료를 준다.

 **병충해**

주요 병해는 반점병이 발생하고, 충해로는 흰불나방 등이 발생할 수 있으나 크게 문제되지는 않는다. 반점병은 만코제브수화제를 살포한다. 흰불나방은 5월 하순부터 7월 하순, 8월 초순부터 10월 상순까지 연 2회 발생하며 잎에 피해를 준다. 피해 잎을 제거하고, 유충이 흩어진 후에는 페니트로티온유제(50%)를 살포한다.

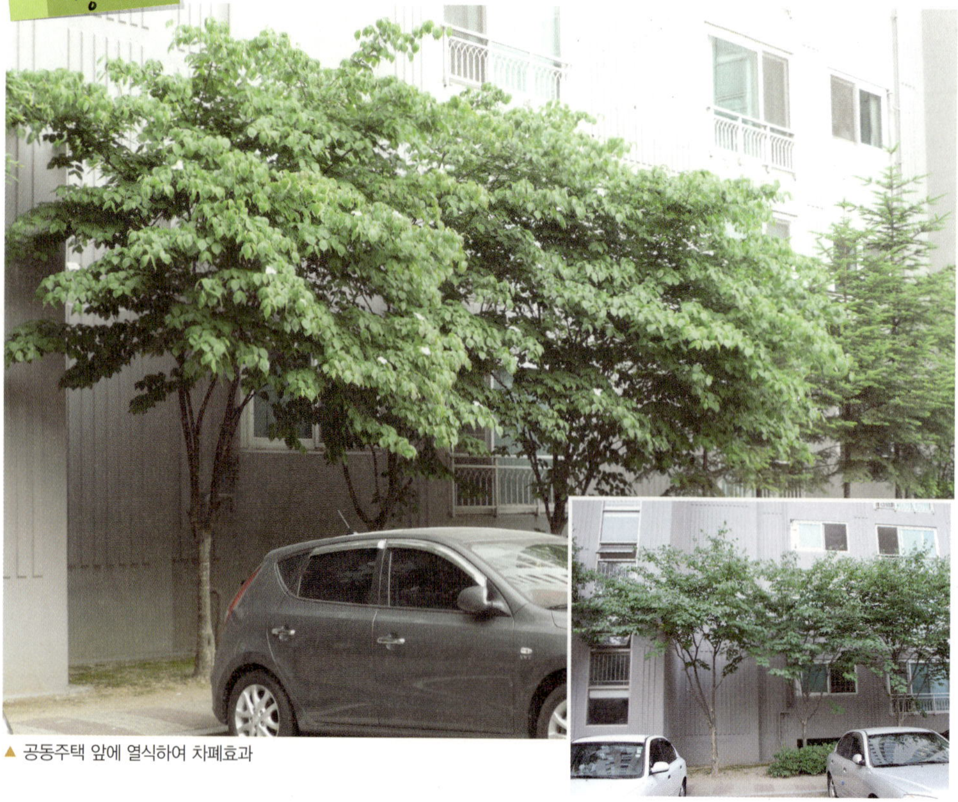

▲ 공동주택 앞에 열식하여 차폐효과

▲ 군식하여 시각적 초점으로 활용

▲ 액센트식재하여 시각적 초점으로 활용

▲ 길모퉁이에 액센트식재하여 시각적 초점으로 활용

18. 산딸나무

⑲ 산벚나무

장미과 벚나무속 낙엽활엽교목

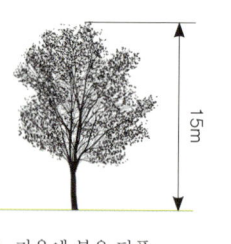

식재지역

- 학　명 : *Prunus sargentii* Rehder
- 영　명 : Sargent Cherry
- 일본명 : オオヤマザクラ
- 중국명 : 大仙櫻
- 원산지 : 한국, 일본, 러시아
- 분　포 : 함경북도~강원도, 전라북도 등의 백두대간에서 자생, 전국 식재 가능
- 조경적용도 : 장식용, 녹음용, 액센트식재, 가로수, 정원수, 조경수, 독립수, 군식
- 관상가치 : 봄에 연홍색 꽃, 가을에 붉은 단풍
- 내한성 : 강
- 내공해성 : 보통
- 내음성 : 양
- 토양적응성 : 사질양토
- 내염성 : 중
- 이　식 : 보통

▲ 수형:원정형, 수고: 15m

▲ 잎: 호생하며 타원형으로 길이 8~12cm, 너비 4~7cm이다. 표면은 짙은 녹색이고, 뒷면은 분백색이며 털이 없다. 가장자리에 겹톱니가 있다.

▲ 꽃: 산방화서로 담홍색 또는 흰색의 꽃이 5월에 개화한다. 꽃받침잎은 가장자리가 밋밋하고, 꽃잎은 둥글며 암술대에 털이 없다.

19. 산벚나무

▲ 줄기: 흑갈색으로 잔가지가 굵으며 털이 없다.

▲ 열매: 핵과는 6~7월에 검붉은 색으로 성숙한다.

연간관리표

구분	1	2	3	4	5	6	7	8	9	10	11	12
수목변화					꽃	열매						
번식			접목				녹지삽					
이식			이식								이식	
시비							덧거름				유기질비료	
전정			전정								전정	
병충해					빗자루병							

번식

산벚나무는 실생번식시키고 왕벚나무와 겹벚나무와 같은 원예종은 접목한다. 초여름에 산벚나무의 열매를 채취하여 과육을 제거한 후 젖은 모래에 노천매장하였다가 이듬해 봄에 파종한다.

전정

전정을 싫어하므로 불필요한 가지만 제거한다. 전정이 필요한 경우 11~12월 또는 3월에 전정한다. 수형을 흩뜨리는 도장지는 굵어지기 전에 전정한다. 지름 2cm 이상의 잘라낸 부위는 상처도포제(발코트, 톱신페스트 등)를 발라 부패하지 않도록 한다.

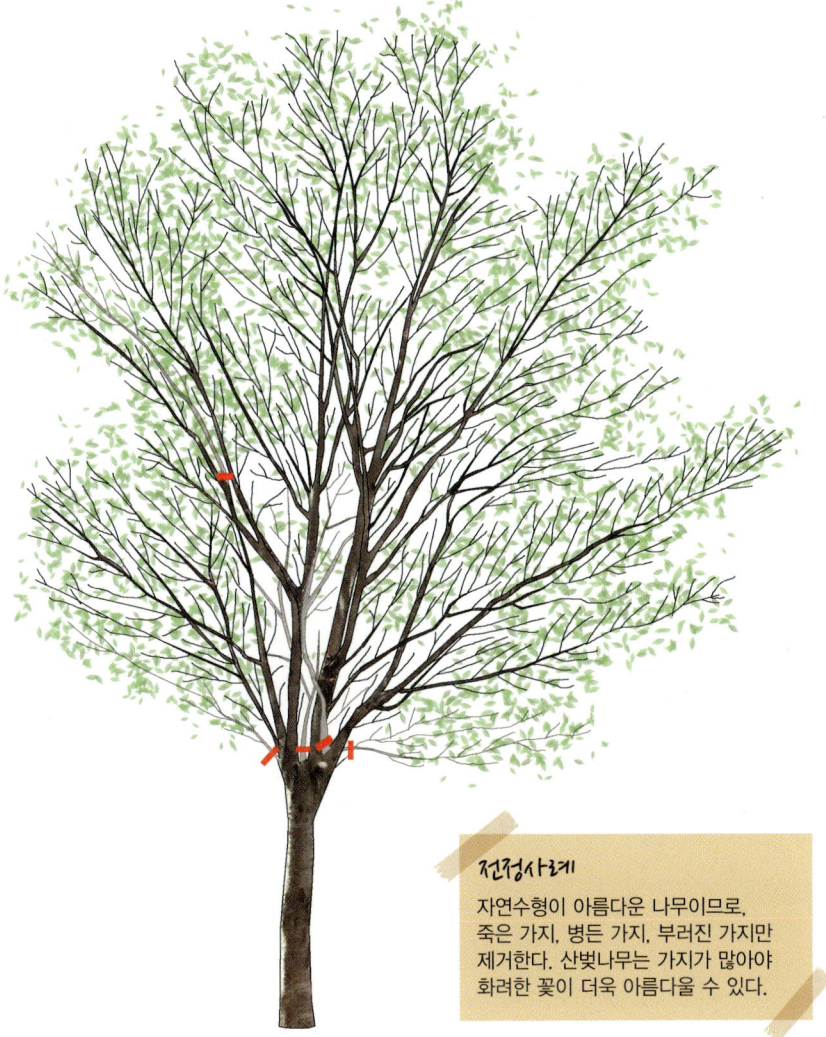

전정사례
자연수형이 아름다운 나무이므로, 죽은 가지, 병든 가지, 부러진 가지만 제거한다. 산벚나무는 가지가 많아야 화려한 꽃이 더욱 아름다울 수 있다.

이식

이식 적기는 휴면기인 11월부터 싹이 트기 전 3월까지이다. 이식할 때 가능하면 묘목의 뿌리가 상하지 않도록 분을 만들어 이식한다. 큰 나무를 이식할 때는 뿌리돌림을 해주는 것이 안전하다.

시비

11~12월에 밑거름으로 유기질비료 또는 복합비료를 주고, 7월경에도 조금 적은 양의 덧거름을 시비한다.

병충해

주요 병해로는 벚나무빗자루병, 갈색무늬구멍병, 유과균핵병이 있으며, 충해는 깍지벌레, 모시나방, 진딧물 등이 발생한다. 빗자루병은 가지가 혹 모양으로 부풀고 잔가지가 총생하여 빗자루 모양이 된다. 발생한 그해는 총생 가지가 적지만 1~2년 경과하면 현저히 증가한다. 병든 잎은 뒷면에 흰색 가루의 포자가 형성되는데, 전염원인 포자가 생기기 전에 건전부와 함께 잘라 소각한다. 겨울 또는 잎이 나기 전에 절단부위에 티오파네이트메틸을 발라 부후균의 침입을 방지한다. 상습 발생지에는 꽃이 진 후 코퍼하이드록사이드·스트렙토마이신 20g/물 20ℓ를 10일 간격으로 2회 살포한다.

이용사례

▲ 건물 전면에 열식하여 차폐효과 및 녹음 제공

▲ 산책로 변에 열식하여 녹음 제공

▲ 외곽녹지에 식재하여 위요감 조성

▲ 녹지대에 식재하여 공간의 변화 및 경관 향상

20 장미과 산사나무속 낙엽활엽교목
산사나무

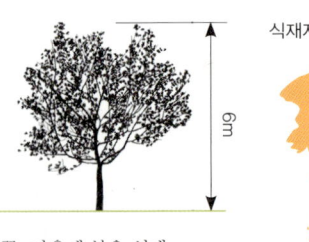

식재지역

- 학 명 : *Crataegus pinnatifida* Bunge
- 영 명 : Large Chinese Hawthorn
- 일본명 : オオサンザシ
- 중국명 : 山査木
- 기타명칭 : 아가위나무, 동배, 애광나무
- 원산지 : 한국, 중국, 극동러시아
- 분 포 : 중부 이북 자생, 전국 식재 가능
- 조경적용도 : 장식용, 생울타리, 액센트식재, 정원수, 공원수, 독립수
- 관상가치 : 봄에 흰색 꽃, 가을에 붉은 열매
- 내한성 : 강
- 내공해성 : 중
- 내음성 : 양
- 토양적응성 : 사질양토
- 내염성 : 중
- 이 식 : 보통

▲ 수형: 원정형, 수고: 6m

▲ 잎: 호생하며 난형 또는 도란형으로 길이 5~10cm이다. 우상으로 깊게 갈라지며, 열편은 흔히 중륵까지 갈라진다. 표면은 윤채가 있으며, 가장자리는 불규칙하고 뾰족한 톱니가 있다.

▲ 꽃: 산방화서로 지름 1.8cm의 흰색 꽃이 5월에 개화한다. 꽃잎은 둥글며, 꽃받침잎과 더불어 각각 5장이다.

20. 산사나무

▲ 줄기: 회백색으로 가지에 가시가 있다.

▲ 열매: 이과로 둥글고 지름은 1.5cm이다. 붉은색으로 9~10월에 성숙하며, 백색 반점이 있다.

연간관리표

구분	1	2	3	4	5	6	7	8	9	10	11	12
수목변화					꽃				열매			
번식			삽목, 깍기접						눈접			
이식											이식	
시비			유기질 비료	유기질, 화성비료						유기질 비료		
전정			전정								전정	
병충해				붉은별무늬병								

번식

주로 실생번식한다. 10~11월에 열매를 채취하여 과육을 제거한다. 종자는 배휴면과 종피휴면성을 갖고 있으므로 종피에 상처를 주기 위해 모래와 종자를 3:1 비율로 섞어 절구에 넣어 찧은 후 맑은 물에 2일간 담근다. 그후 방충망 용기에 담아 지하 40~50cm의 깊이에 2년간 노천매장하였다가 파종한다.

전정

휴면기인 11~12월 또는 3월에 전정한다. 자연수형으로 가꾸려면 도장지와 얽혀 있는 가지를 솎아주는 정도로만 하고, 모양을 만들거나 생울타리로 심었을 때는 봄에 싹이 트기 전 다소 깊이 전정한다.

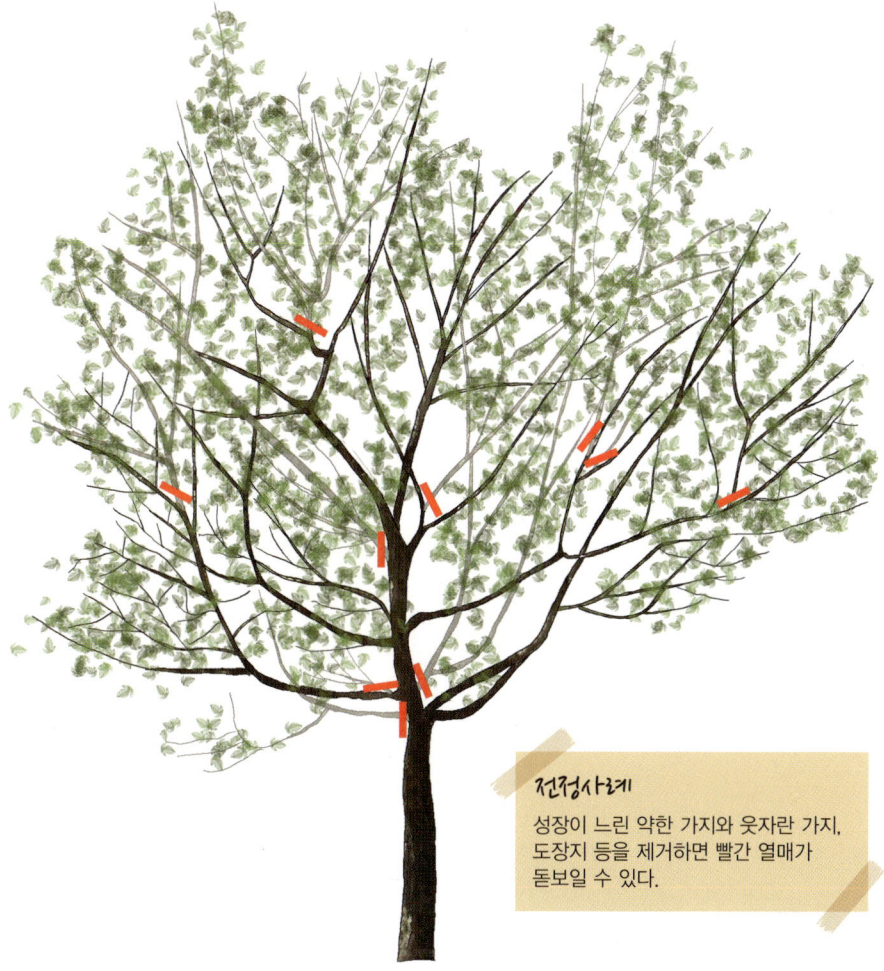

전정사례
성장이 느린 약한 가지와 웃자란 가지, 도장지 등을 제거하면 빨간 열매가 돋보일 수 있다.

이식

이식 시기는 내한성이 강하므로 11월경이 적기이다. 3년 이상 된 나무는 6개월 ~1년 전에 반드시 뿌리돌림을 해주며, 뿌리가 튼튼하더라도 가지를 많이 쳐주는 것이 좋다. 활착만 하면 생장력이 좋아서 곧 수형을 회복한다.

시비

밑거름으로 유기질비료를 11월경이나 3월에 수관선 아래 구덩이를 파고 시비하고, 덧거름으로 인산성분이 많은 유기질비료나 복합비료를 수목생장기인 4월 하순~6월 하순에 준다.

🐛 병충해

주요 병해로는 붉은별무늬병이 있고 충해는 진딧물, 복숭아유리나방, 깍지벌레, 응애 등이 있다. 붉은별무늬병은 잎에 적갈색의 반점이 나타나며 시간이 지나면 털 모양의 돌기가 나타난다. 주위에 향나무를 심지 않는다. 4~5월에 트리아디메폰수화제 500배액을 10일 간격으로 4~5회 살포한다. 진딧물은 잎을 흡즙 가해한다. 방제는 아세페이트수화제 1,000배액을 살포한다.

이용사례

◀ 액센트식재하여 시각적 초점으로 활용

▲ 건물 전면에 군식하여 차폐효과 및 시각적 초점으로 활용

▲ 건물 앞에 군식하여 경관 향상

▲ 액센트식재하여 녹음 제공

21 층층나무과 층층나무속 낙엽활엽소교목
산수유

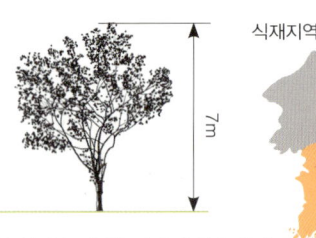

식재지역

- **학 명** : *Cornus officinalis* Siebold & Zucc.
- **영 명** : Japanese Cornelian Cherry
- **일본명** : サンシュユ
- **중국명** : 山茱萸
- **기타명칭** : 산시유나무
- **원산지** : 한국, 중국
- **분 포** : 중부지방에 자생, 중부 이남 지역에 식재 가능
- **조경적용도** : 장식용, 액센트식재, 정원수, 공원수, 독립수, 군식
- **관상가치** : 수피, 이른 봄에 노란 꽃, 가을에 붉은 열매
- **내한성** : 강
- **내공해성** : 약
- **내음성** : 양
- **토양적응성** : 사질양토
- **내염성** : 약
- **이 식** : 보통

▲ 수형:산형, 수고: 7m 내외

▲ 잎: 대생으로 타원형 또는 달걀형이며 길이 4~10cm, 너비 2~6cm이다. 표면에는 광택이 나고 뒷면은 흰빛이 도는 연녹색이며 털이 있다.

▲ 꽃: 잎보다 먼저 3~4월에 개화한다. 산방화서로 노란색 꽃이 20~30개씩 뭉쳐 지름 4~5cm를 이루어 개화한다.

21. 산수유

▲ 줄기: 갈색으로 비늘조각처럼 벗겨진다.

▲ 열매: 핵과로 긴 타원형이며 길이 1.5~2cm이다. 광택이 있고 능선이 있으며 10월에 붉게 성숙한다.

연간관리표

구분	1	2	3	4	5	6	7	8	9	10	11	12
수목변화			꽃							열매		
번식			삽목			삽목						
이식			이식							이식		
시비							복합비료				유기질비료	
전정			전정								전정	
병충해				두창병		점무늬병						
					흰불나방							

번식

실생과 삽목번식을 한다. 실생번식은 9~10월에 잘 익은 열매를 채취하여 과육을 제거한 후에 2년 동안 노천매장하였다가 봄에 파종한다. 삽목번식은 3~4월에 전 해에 자란 가지 중 충실한 것을 골라 10cm 길이로 잘라 꽂거나 6~7월에 새로 자란 가지를 잘라 사용한다.

전정

휴면기인 11~12월 또는 3월에 전정한다. 생장이 빠르고 맹아력이 있어 전정에 강한 수종이다. 맹아가 많이 발생하므로 전정하여 정리한다. 도장지를 자르고, 작은 가지가 나오도록 하고, 불필요한 가지는 제거한다. 그러나 도장지를 강하게 자르면 다음 해에 다시 도장지가 나오므로 가볍게 전정한다.

전정사례
맹아지와 안으로 휘어 있는 가지를 제거한다.

🌱 이식

이식 적기는 3월이나 10~11월이다. 이식할 때에는 뿌리분을 붙여야 하고, 큰 나무를 이식할 경우에는 1년 전부터 뿌리돌림을 한다.

🌱 시비

11~12월에 밑거름으로 유기질비료 또는 복합비료를 주고, 7월경에 복합비료를 덧거름으로 준다.

21. 산수유

병충해

주요 병해로는 두창병과 점무늬병이 있고 해충은 흰불나방이 있다. 두창병은 봄에 비가 자주 오고 낮은 기온이 지속되면 발생한다. 이른 봄 새잎에 적갈색의 원형 병반들이 나타나며, 잎이 오그라들거나 비틀린다. 병든 잎과 가지는 늦가을에 제거하여 소각하고, 매년 심하게 발생하는 나무는 클로로탈로닐수화제, 만코제브수화제 등을 눈이 트기 시작할 때부터 2주 간격으로 2~3번 살포하고, 장마 후 한 번, 늦여름에 한 번 살포한다. 점무늬병은 여름철 비가 많이 내리면 흔히 발생한다. 7월~초가을에 갈색 병반이 나타난다. 병든 잎을 제거하여 소각하고 심하게 발생하는 곳은 클로로탈로닐 수화제, 만코제브수화제 등을 2주 간격으로 3~4회 살포한다. 흰불나방은 유충이 집단생활을 하므로 쉽게 발견된다. 피해 잎을 제거하고, 유충이 흩어진 후에는 페니트로티온유제를 살포한다.

이용사례

▲ 군식하여 녹음 제공

▲ 공동주택 앞에 군식하여 차폐효과 및 정원 분위기 조성

▲ 공동주택 앞에 액센트식재하여 시각적 초점으로 활용

▲ 액센트식재하여 시각적 초점으로 활용

▲ 조형물과 함께 식재하여 경관 창출

▲ 담장을 따라 열식하여 차폐효과 제공

22 살구나무

장미과 벚나무속 낙엽활엽교목

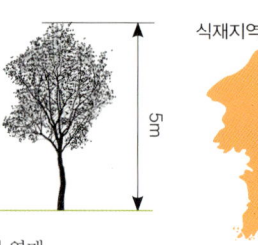

식재지역

- 학 명 : *Prunus armeniaca* var. ansu Maxim.
- 영 명 : Apricot
- 일본명 : アンズ
- 중국명 : 杏
- 원산지 : 한국, 중국
- 분 포 : 전국 자생, 전국 식재 가능
- 조경적용도 : 장식용, 정원수, 공원수, 독립수, 군식
- 관상가치 : 연분홍색 꽃, 주황색 열매
- 내한성 : 강
- 내공해성 : 강
- 내음성 : 양
- 토양적응성 : 사질양토
- 내염성 : 중
- 이 식 : 곤란

▲ 수형: 원정형, 수고: 5m

▲ 잎: 호생하며 넓은 난형 또는 타원형으로 길이 6~8cm, 너비 4~7cm이다. 가장자리에 불규칙한 톱니가 있고 털이 없다.

▲ 꽃: 잎보다 먼저 4월에 개화하며, 단지에 정생한다.

22. 살구나무

▲ 줄기: 흑갈색이며, 코르크질은 발달하지 않는다.

▲ 열매: 원형의 핵과로 지름 3cm로 7월에 성숙한다. 약용 및 식용으로 사용한다.

연간관리표

구분	1	2	3	4	5	6	7	8	9	10	11	12
수목변화				꽃			열매					
번식			실생,접목									
이식			이식								이식	
시비		유기질비료									유기질비료	
전정			전정								전정	
병충해			살구나무 축엽병				복숭아유리나방					

번식

실생과 접목으로 번식한다. 실생번식은 가을에 채종 후 노천매장하였다가 봄에 파종한다. 접목번식은 살구나무의 실생묘 1년생을 대목으로 하여 초봄에 깎기접을 한다.

전정

열매를 목적으로 하는 경우 개심자연형으로 기른다. 원가지는 3~4개로 둔다. 가지는 보통 30cm 길이로 전정한다. 불필요한 가지는 기부의 3~4눈을 남기고 전정하면 다음 해 이곳에서 곁가지가 발생한다. 꽃눈은 1년생 가지의 잎겨드랑이에 착생한다. 단과지에 잘 결실한다. 성목이 되면 대과의 비율이 낮아지고 해거리하기 쉬우므로 5월 중순 이전에 적과해준다.

전정사례
마주 나는 가지, 위로 솟은 가지 등을 제거한다.

🔸 이식

이식 적기는 낙엽이 지고 난 후부터 다음 해 봄까지가 좋으며 혹한기는 피한다. 건조에 약하므로 관수에 유의한다.

🔸 시비

뿌리활동이 일찍 시작되는 특성이 있으므로 계분 또는 복합비료를 전량 밑거름으로 준다. 복합비료의 경우 개략적인 성분 비율은 질소 10에 인산은 5, 칼리 8~10의 비율로 준다. 결실이 많거나 수세가 약한 경우 수확 후 덧거름을 준다.

병충해

주요 병해는 살구나무축엽병, 붉은별무늬병이 있고 충해는 복숭아유리나방, 벗나무응애, 벗나무모시나방이 있다. 살구나무축엽병은 봄에 잎이 발아한 후 잎이 이상비대하면서 쭈글쭈글해지고 회황색과 붉은색의 선이 나타나며, 표면에 흰색 가루가 나타난다. 3월에 만코제브수화제 500~1,000배액을 눈과 가지에 2~3회 살포한다. 피해 잎은 땅에 묻거나 소각한다. 복숭아유리나방은 애벌레가 나무줄기와 가지에 구멍을 뚫어 형성층 부위에 피해를 주므로 방어력이 약화된다. 4~5월에 철사로 애벌레를 찔러 죽이고 8~9월에 페니트로티온유제와 다이아지논유제 혼합 500배 희석액을 2회 살포한다.

이용사례

▲ 도로변에 군식하여 경관 향상

▲ 잔디밭에 군식하여 녹음효과

▲ 산책로 변에 식재하여 녹음효과

▲ 잔디밭에 열식하여 녹음효과 및 경관 향상

▲ 잔디밭에 식재하여 녹음효과

▲ 주차장 녹지에 군식하여 녹음효과 및 경관 향상

상수리나무

참나무과 참나무속 낙엽활엽교목

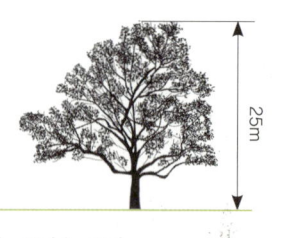

식재지역

25m

- 학 명 : *Quercus acutissima* Carruth.
- 영 명 : Sawthooth Oak
- 일본명 : クヌギ
- 중국명 : 櫟
- 기타명칭 : 참나무, 도토리나무
- 원산지 : 한국, 중국, 일본
- 분 포 : 평안도 및 함경남도 이남에 자생, 전국 식재 가능
- 조경적용도 : 공원수, 독립수, 군식
- 관상가치 : 수형, 가을에 노란 단풍
- 내한성 : 강
- 내공해성 : 중
- 내음성 : 양
- 토양적응성 : 사질양토
- 내염성 : 중
- 이 식 : 곤란

▲ 수형: 장년기 이전은 원추형, 이후는 원정형이다. 수고: 25m

▲ 잎: 넓은 피침형으로 길이 10~20cm, 너비 2~4cm이며, 가장자리에 바늘 모양의 예리한 톱니가 있다. 표면은 광택이 나며, 뒷면에는 털이 있고 녹색이다.

▲ 꽃: 암수한그루로 잎과 함께 5월에 개화한다. 암꽃은 곧게 나오고 수꽃은 밑으로 처진다.

23. 상수리나무

▲ 줄기: 흑갈색으로 불규칙하게 세로로 갈라진다.

▲ 열매: 견과는 구형으로 10월에 성숙한다. 지름 2cm로 광택이 있는 다갈색이다.

연간관리표

구분	1	2	3	4	5	6	7	8	9	10	11	12
수목변화					꽃					열매		
번식			실생									
이식		이식	이식								이식	
시비			유기질비료		고형복합비료	고형복합비료				유기질비료	유기질비료	
전정			전정								전정	
병충해						깍지벌레	깍지벌레			고약병	고약병	

번식

실생번식을 한다. 가을에 충실한 도토리를 채취한 후 물에 담가 두어 벌레를 죽인 다음 젖은 모래와 섞어 노천매장하였다가 이듬해 봄에 파종하고 차광해준다.

전정

휴면기인 11~12월 또는 3월에 전정한다. 마른 가지, 죽은 가지, 얽혀 있는 가지 등을 솎아주는 정도로만 한다.

이식

전국 어느 곳에서나 잘 자란다. 이식 적기는 휴면기인 11월부터 싹이 트기 전 3월까지이다. 이식할 때 가능하면 묘목의 뿌리가 상하지 않도록 분을 만들어 이식한다. 큰 나무를 이식할 때는 뿌리돌림을 해주는 것이 안전하다.

전정사례
주간이 될 수 없는 가지를 자른다.
나무는 키가 크다고 하여 좋은 나무라 할 수 없다. 균형이 중요하다.

시비

밑거름은 유기질비료를 11월경이나 3월에 수관선 아래 구덩이를 파고 시비하고, 덧거름은 수목생장기인 4월 하순~6월 하순에 준다.

병충해

주요 병해는 그을음병, 흰가루병, 둥근무늬병, 시들음병, 고약병 등이 있고 충해는 깍지벌레 등이 있다. 깍지벌레는 나무줄기나 가지에 기생하여, 나무껍질과 과실, 잎에 피해를 입힌다. 발생 시에 클로치아니딘 액상수화제(8%) 10㎖/물 20ℓ로 10일 간격으로 2회 뿌린다. 그을음병은 잎에 흑갈색의 그을음 같은 병반이 발생하여 지저분해 보인다. 병든 잎은 태우고 통풍이 잘 되도록 관리한다. 고약병은 줄기나 가지에 회색 또는 갈색 벨벳 모양의 반점이 생기는데 발생 부위를 솔로 긁어내고 지오판도포제를 발라준다.

▲ 공동주택 외곽 담장을 따라 열식하여 차폐효과 및 숲 분위기 연출

▲ 공동주택 외곽녹지에 군식하여 차폐효과 및 숲 분위기 연출

▲ 도로변 분리녹지에 군식하여 녹음효과 및 숲 분위기 연출

▲ 산책로 변에 식재하여 숲 분위기 연출

▲ 도로변에 열식하여 녹음효과 및 경관 향상

▲ 녹지대에 식재하여 숲 분위기 연출

24 장미과 벚나무속 낙엽활엽교목
왕벚나무

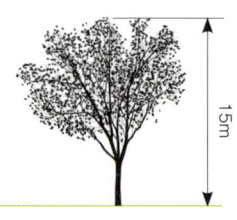

식재지역

- 학 명 : *Prunus yedoensis* Matsum.
- 영 명 : Japanese Cherry, Tokyo Cherry
- 일본명 : ソメイヨシノ
- 중국명 : 東京櫻花
- 기타명칭 : 제주벚나무, 큰꽃벚나무
- 원산지 : 한국
- 분 포 : 남부 자생, 전국 식재 가능
- 조경적용도 : 장식용, 액센트식재, 가로수, 정원수, 공원수, 독립수, 군식
- 관상가치 : 이른 봄 잎보다 먼저 피는 흰색 꽃
- 내한성 : 강
- 내공해성 : 약
- 내음성 : 양수
- 토양적응성 : 적윤지
- 이 식 : 보통

▲ 수형: 원형, 수고: 15m

▲ 잎: 호생하며 타원형으로 길이 6~12cm, 너비 3~7cm이다. 가장자리에 날카로운 겹톱니가 있으며, 맥위나 엽병에 털이 있다.

▲ 꽃: 잎보다 먼저 4월에 개화하며, 홍색 또는 백색의 꽃이 짧은 산방화서로 5~7개씩 개화한다.

24. 왕벚나무

▲ 줄기: 회갈색으로 소지에 잔털이 있으며, 노목은 세로로 껍질이 갈라진다.

▲ 열매: 핵과 구형으로 지름은 7~8mm이다. 흑색으로 6~7월에 성숙하며, 먹을 수 있다.

연간관리표

구분	1	2	3	4	5	6	7	8	9	10	11	12
수목변화				꽃		열매						
번식			절접					아접				
이식			이식								이식	
시비							덧거름				유기질비료	
전정			전정								전정	
병충해				빗자루병								

번식

산벚나무를 대목으로 하여 접목번식을 한다. 가을에 산벚나무의 종자를 채취하여 젖은 모래에 노천매장하였다가 봄에 파종한다. 대목은 산벚나무의 2년생 실생묘를 사용하고 접수는 지난해 자란 가지 중 충실한 것을 골라 눈을 2~3개 붙인 후 3월에 깎기접한다.

전정

전정을 싫어하므로 불필요한 가지만 제거한다. 전정이 필요한 경우 11~12월 또는 3월에 전정한다. 수형을 흩뜨리는 도장지는 굵어지기 전에 전정한다. 직경 2cm 이상의 잘라낸 부위는 상처도포제(발코트, 톱신페스트 등)를 발라 부패하지 않도록 한다.

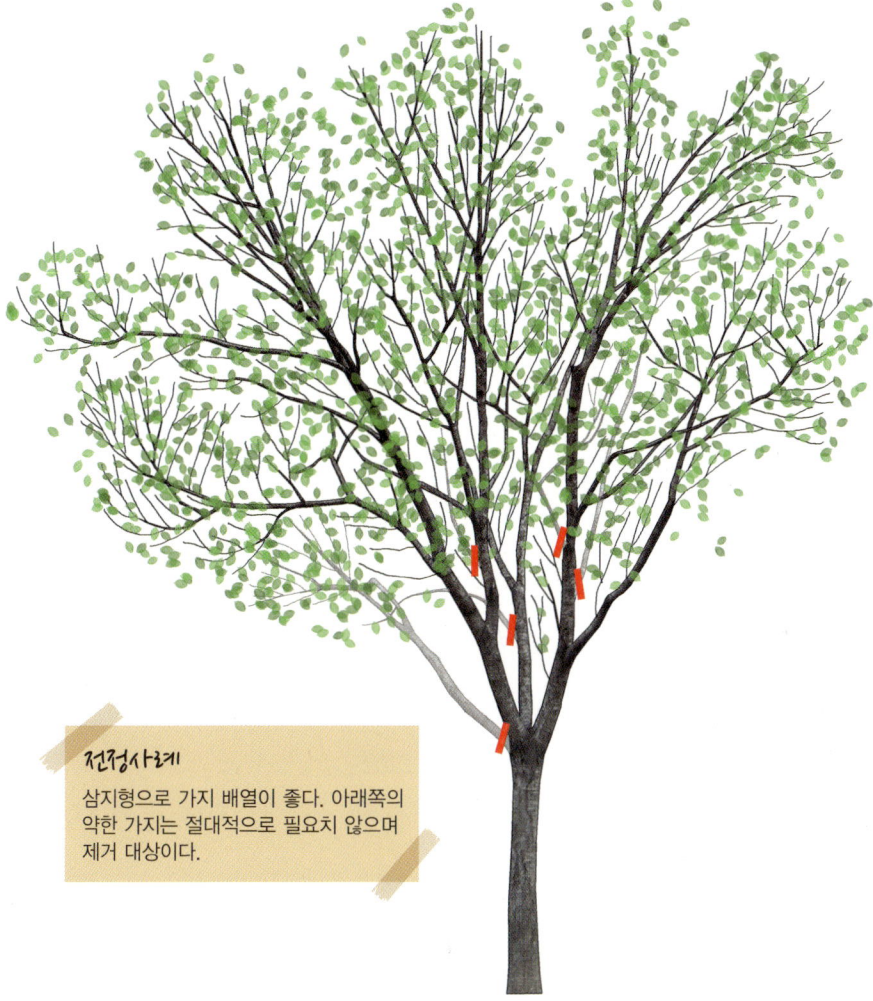

전정사례
삼지형으로 가지 배열이 좋다. 아래쪽의 약한 가지는 절대적으로 필요치 않으며 제거 대상이다.

🪴 이식

11~12월 또는 3월이 이식 적기이다. 이식을 싫어하므로 대목은 반드시 1년 전에 뿌리돌림해준다. 밑거름으로 유기질비료를 흙과 같이 잘 섞어주고 저습지에서는 반드시 성토하여 심는다. 이식 후 충분히 관수한다. 한해를 입기 쉬우므로 줄기감기를 하고 반드시 지주를 세워주어야 한다.

🧴 시비

11~12월에 밑거름으로 유기질비료 또는 복합비료를 주고, 7월경에도 조금 적은 양을 덧거름으로 준다.

병충해

주요 병해로는 벚나무빗자루병, 갈색무늬구멍병, 유과균핵병이 있으며, 충해는 깍지벌레, 모시나방, 진딧물, 응애 등이 발생한다. 빗자루병은 가지가 혹 모양으로 부풀고 잔가지가 총생하여 빗자루 모양이 된다. 발생 당년에는 총생 가지가 적지만 1~2년 경과하면 현저히 증가한다. 병든 잎은 뒷면에 백색 가루의 포자가 형성되는데, 전염원인 포자가 생기기 전에 건전부와 함께 잘라 소각한다. 겨울 또는 잎이 나기 전에 절단 부위에 티오파네이트메틸을 발라 부후균의 침입을 방지한다. 상습 발생지에는 꽃이 진 후 코퍼하이드록사이드 · 스트렙토마이신 20g/물 20ℓ를 10일 간격으로 2회 살포한다.

이용사례

▲ 도로변에 열식하여 녹음효과 및 경관 향상

▲ 가로변에 열식하여 녹음효과 및 경관 향상

▲ 도로변에 열식하여 녹음효과 및 경관 향상

▲ 건물 전면에 액센트식재하여 시각적 초점으로 활용

▲ 도로변에 열식하여 녹음효과 및 경관 향상

24. 왕벚나무

25 은행나무과 은행나무속 낙엽침엽교목
은행나무

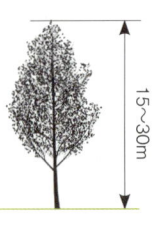

식재지역

- **학 명** : *Ginkgo biloba* L.
- **영 명** : Maidenhair Tree
- **일본명** : イチョウ
- **중국명** : 銀杏
- **기타명칭** : 행자목, 공손수
- **원산지** : 중국
- **분 포** : 전국 식재 가능
- **조경적용도** : 장식용, 녹음용, 방풍용, 방화용, 가로수, 공원수
- **관상가치** : 원추형의 수형, 가을에 노란 단풍
- **내한성** : 강
- **내공해성** : 강
- **내음성** : 양
- **토양적응성** : 사질양토
- **내염성** : 약
- **이 식** : 용이

▲ 수형: 원추형, 수고: 15~30m

▲ 잎: 호생하며 부채꼴 모양으로 길이 5~15cm, 너비 8~15cm이다. 차상맥을 가지며 단지에서 총생한다.

▲ 꽃: 암수딴그루로 수꽃은 길이 2~3cm로 1~5개 달리며, 암꽃은 가지 끝부분에 6~7개 달린다. 4월에 개화한다.

25. 은행나무

▲ 줄기: 회갈색으로 세로로 갈라지며 피목이 된다.

▲ 열매: 핵과로 둥근형이며 9~10월에 성숙한다. 종자는 외종피가 있으며, 외종피는 단단하고 내종피는 먹을 수 있다.

연간관리표

구분	1	2	3	4	5	6	7	8	9	10	11	12
수목변화				꽃					열매			
번식			실생, 접목									
이식			이식								이식	
시비						복합비료					유기질비료	
전정			전정			전정					전정	
병충해					어스랭이나방	잎마름병						

번식

실생번식, 삽목번식, 접목번식을 이용한다. 실생번식은 가을에 열매를 채취하여 과육을 제거한 후 종자를 노천매장하였다가 봄에 파종한다. 삽목번식은 3월에 지난해 자란 가지 중 충실한 것을 골라 20cm 길이로 잘라서 꽂는다. 접목번식은 1~2년생 실생묘를 대목으로 하고 열매 맺는 나무의 가지를 접수로 하여 깎기접한다.

전정

휴면기인 11월부터 3월까지 전정한다. 좁은 장소에서는 원하는 크기가 되면 매년 전정을 해야 한다. 정원수로는 일정한 크기가 되면 주간을 멈추고 측지를 약간 퍼지도록, 주간 가까이에서 자른다. 매년 초여름 자른 곳에서 나오는 새 가지 중 생육이 좋은 가지를 남기고 다른 가지들은 제거한다. 남겨둔 가지도 낙엽기에 제거하고 봄에 갱신하여 일정한 크기를 유지하도록 한다.

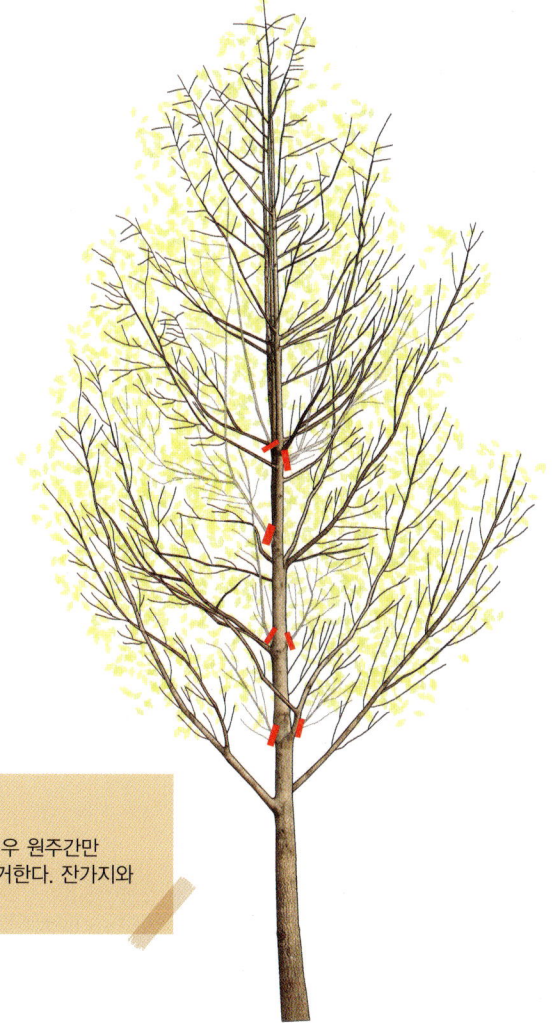

전정사례
주간이 여러 개인 경우 원주간만 살리고 나머지는 제거한다. 잔가지와 도장지를 제거한다.

이식

낙엽 후인 11~12월 또는 3월이 이식 적기이다. 큰 나무일 경우 수간을 잘라서 이식하면 뿌리와 지엽의 균형을 맞출 수 있을 뿐 아니라, 바람의 저항도 줄일 수 있다. 햇가지가 나온 경우는 가지치기를 하고, 증산억제제를 잎에 살포한 후에 이식한다. 큰 나무는 뿌리돌림 후 이식한다.

시비

11~12월에 밑거름으로 유기질비료 또는 복합비료를 주고, 7월경에도 조금 적은 양을 덧거름으로 준다. 인산과 칼리를 많이 시비하면 수형이 좋아진다.

🐛 병충해

주요 병해로는 잎마름병, 그을음엽고병, 줄기마름병이 있고 해충으로는 어스랭이나방 등이 발생한다. 잎마름병은 잎 가장자리부터 갈색의 불규칙한 병반이 나타나서 안쪽으로 확대된다. 병든 잎은 소각하고 6~9월에 만코제브수화제를 한 달에 1~2회 살포한다. 어스랭이나방은 대형 유충으로 섭식량이 많아 나무 한 그루의 잎을 모두 가해하여 잎이 전혀 없게 되는 경우도 많다. 5월에 트리클로르폰수화제나 페니트로티온유제 1,000배액을 살포한다.

이용사례

▶ 군식하여 생울타리로 이용

▲ 액센트식재하여 시각적 초점으로 활용

▲ 담장변에 액센트식재하여 시각적 초점으로 활용

▲ 산책로 변에 열식하여 녹음효과 및 경관 향상

▲ 가로변을 따라 열식하여 녹음효과 및 선형 이미지 극대화

▲ 은행나무 묘목으로 장식효과

25. 은행나무

26 물푸레나무과 이팝나무속 낙엽활엽교목
이팝나무

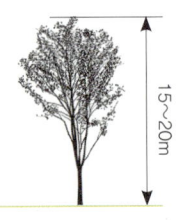
15~20m

식재지역

- 학 명 : *Chionanthus retusus* Lindl. & Paxton
- 영 명 : Chinese Fringe Tree
- 일본명 : チョウジザクラ
- 중국명 : 芫花
- 기타명칭 : 니양나무, 쌀밥나무, 뻣나무
- 원산지 : 한국, 중국, 대만
- 분 포 : 경기도 이남에 자생, 전국 식재 가능
- 조경적용도 : 장식용, 녹음용, 액센트식재, 가로수, 정원수, 공원수, 독립수, 기식, 군식

- 관상가치 : 흰색 꽃, 향기
- 내한성 : 강
- 내공해성 : 강
- 내음성 : 음
- 토양적응성 : 사질양토
- 내염성 : 강
- 이 식 : 용이

▲ 수형:원정형, 수고: 15~20m

▲ 잎: 대생하며 난형 또는 타원형으로 길이 3~15cm, 너비 2~6cm이다. 가장자리가 밋밋하며, 양면 중륵에 털이 있다.

▲ 꽃: 암수딴그루이며 새 가지 끝에 취산화서를 이룬다. 길이 6~10cm의 흰 꽃이 5~6월에 개화하며, 은은한 향기를 풍긴다.

26. 이팝나무

▲ 줄기: 회갈색이며, 세로로 얕게 갈라진다.

▲ 열매: 핵과로 타원형이며, 길이 1.2~1.5cm, 지름 6~7mm이다. 흑자색으로 9~10월에 성숙한다.

연간관리표

구분	1	2	3	4	5	6	7	8	9	10	11	12
수목변화					꽃				열매			
번식			삽목									
이식	이식										이식	
시비			유기질비료	고형복합비료						유기질비료		
전정			전정								전정	
병충해				혹응애			흰가루병					

번식

실생번식과 삽목번식을 이용한다. 실생번식은 가을에 종자를 채취하여 종피에 상처를 주기 위해 모래와 종자를 3:1 비율로 섞어 절구에 넣어 찧은 후, 맑은 물에 2일간 침적하고 방충망 용기에 담아 지하 40~50cm 깊이에 2년간 노천매장하였다가 3년째 되는 봄에 파종한다. 삽목번식은 3~4월에 지난해 자란 가지가 싹트기 전에 10~15cm 길이로 잘라 물에 담가 물올림한 후 모래에 꽂는다. 발근촉진제를 발라주면 활착을 촉진할 수 있다.

전정

휴면기인 11~12월 또는 3월에 전정한다. 도장지, 얽혀 있는 가지를 솎아주는 정도로 하여 자연수형으로 가꾼다.

전정사례
잔가지 제거로 시원한 느낌을 준다.
꽃 향이 좋고 오래가며 수피가 아름다운 나무다.

🌱 이식

이식 적기는 휴면기인 11월부터 싹이 트기 전 3월까지이다. 큰 나무를 이식할 때에는 뿌리돌림 후 옮기는 것이 안전하다. 어느 정도 습기가 많은 비옥한 곳에서 잘 자란다.

🧺 시비

이팝나무는 다소 생장이 더딘 편이다. 밑거름으로 유기질비료를 11월경이나 3월에 수관선 아래 구덩이를 판 후 시비하고, 덧거름으로 조경용 고형복합비료를 수목생장기인 4월 하순~6월 하순에 준다.

병충해

이팝나무는 병충해에 강하다. 주요 병해로는 흰가루병이 있으며 충해는 혹응애, 매미류 등이 발생한다. 흰가루병은 잎과 줄기에 나타나며 통풍과 채광이 잘 되도록 가지를 솎아준다. 티오파네이트메틸수화제를 피해 초기에 살포한다. 혹응애는 잎에 작은 혹이 생기며 수세가 쇠약해진다. 피해 발생 시 디메토에이트유제를 살포한다. 매미류는 유충이 뿌리를 가해하여 수세가 약해진다. 피해 발생시 다이아지논유제를 지표면에 살포한다.

이용사례

▲ 아파트 공원에 액센트식재하여 시각적 초점으로 활용

▲ 주차공간에 열식하여 완충효과

▲ 담장 앞에 군식하여 차폐효과

▲ 단지내 보행자도로에 녹음을 주기 위한 식재

▲ 그늘 및 차폐효과를 위한 열식

27 콩과 자귀나무속 낙엽활엽교목
자귀나무

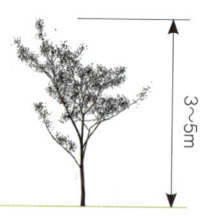

식재지역

3~5m

- **학 명** : *Albizzia julibrissin* Durazz.
- **영 명** : Momosa, Silk Tree, Cotton Varay
- **일본명** : ネムノキ
- **중국명** : 夜合樹
- **기타명칭** : 소쌀밥나무
- **원산지** : 한국, 중국, 일본
- **분 포** : 황해도 이남에 자생, 전국 식재 가능
- **조경적용도** : 녹음용, 가로수, 공원수, 독립수, 점식

- **관상가치** : 자연적인 수형, 여름에 분홍색 꽃
- **내한성** : 중
- **내공해성** : 약
- **내음성** : 양
- **토양적응성** : 사질양토
- **내염성** : 강
- **이 식** : 곤란

▲ 수형: 평정형, 수고: 3~5m

▲ 잎: 호생으로 우수 2회 우상복엽으로 10~30쌍의 소엽이 있다. 소엽은 원줄기를 향해 굽으며, 좌우가 같지 않은 긴 타원형이다.

▲ 꽃: 6월에 가지 끝에 15~20개의 꽃이 산형으로 달린다. 상반부는 붉은색이고, 하반부는 흰색이다.

27. 자귀나무

▲ 줄기: 회갈색이며 능선이 있다.   ▲ 열매: 협과로 길이는 15cm이며 9~10월에 성숙한다. 열매에 5~6개의 종자가 들어 있다.

연간관리표

구분	1	2	3	4	5	6	7	8	9	10	11	12
수목변화						꽃	꽃		열매	열매		
번식			실생									
이식		이식	이식								이식	
시비			유기질비료	고형복합비료	고형복합비료	고형복합비료					유기질비료	
전정			전정								전정	전정
병충해						녹병/깍지벌레	녹병/깍지벌레	깍지벌레				

번식

실생번식을 이용한다. 종자는 늦게 채취하면 해충의 피해가 많으므로 꼬투리의 색이 담갈색이 되었을 때 바로 채취한다. 종피가 두껍고 딱딱하여 발아가 어려우므로 열탕처리하거나 종피에 상처를 내어 파종하면 발아가 빨라진다. 열탕처리하는 방법은 70℃ 정도 되는 물에 종자를 3분 정도 담갔다 꺼내어 냉수에 식히며 종피에 상처를 내는 방법은 모래와 3:1로 섞어 절구에 찧으면 된다. 파종 후 차광해주고 건조하지 않게 관리한다.

전정

휴면기인 11~12월 또는 3월에 전정한다. 맹아력이 약하므로 강전정은 피하고, 마른 가지, 죽은 가지, 얽혀 있는 가지를 솎아주는 정도로 자연수형으로 가꾼다.

전정사례
자귀나무는 쭉쭉 뻗어가는 성격의 나무다. 세력이 강한 쪽 가지를 절단하여 수형을 예쁘게 할 수 있다.

🪴 이식

이식 적기는 휴면기인 11월부터 싹이 트기 전 3월까지이다. 내한성이 약한 편으로 중부지방에서는 봄에 이식하는 것이 더 좋다. 이식이 어려우므로 충분한 크기로 분을 떠서 옮긴다. 햇빛이 잘 드는 곳이 생육이 좋다.

🌱 시비

콩과식물로 척박한 토양에서도 잘 자라나 좋은 생육을 위해서는 밑거름으로 유기질비료를 11월경이나 3월에 수관선 아래 구덩이를 판 후 시비하고, 덧거름으로 조경용 고형복합비료를 수목생장기인 4월 하순~6월 하순에 준다.

🐛 병충해

주요 병해로는 녹병, 점무늬병 등이 있고, 충해로는 줄솜깍지벌레와 자귀나무이가 발생한다. 녹병은 잎, 잎자루, 어린가지에 발병하며 피해잎은 연한 황색으로 변하여 일찍 떨어진다. 7월경 디니코나졸수화제를 수관에 살포한다. 점무늬병은 피해잎에 담갈색의 미립자가 형성되고 조기 낙엽을 불러온다. 7월경 만코제브수화제를 수관에 살포한다. 줄솜깍지벌레는 잎이나 가지에 기생하여 흡즙 가해하며 피해가 심한 가지는 고사한다. 메치온유제, 디메토유제 등을 2~3회 살포한다. 자귀나무이는 잎, 엽병, 화경, 꽃 등에 무리지어 살면서 수액을 빨아 먹는다. 수관이 엉성해지고 그을병을 유발하여 미관을 해치게 된다. 메치온유제, 디메토유제를 2~3회 살포한다.

이용사례

▲ 공동주택 정원 외곽 녹지에 군식하여 차폐효과

▲ 액센트식재하여 녹음효과 및 시각적 초점 제공

▲ 공동주택 정원에 군식

▲ 건물 전면 녹지대에 식재

▲ 수변에 식재하여 시각적 초점으로 활용

㉘ 장미과 벚나무속 낙엽활엽교목
자엽나무

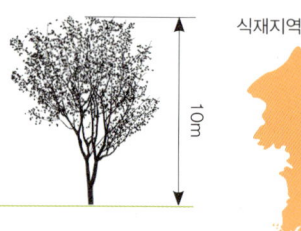

식재지역

- **학 명** : *Prunus cerasifera* var. atropurpurea
- **영 명** : Purple Cherry Plum
- **일본명** : べにすもも(紅李)
- **중국명** : 紫叶李
- **기타명칭** : 자엽자두
- **원산지** : 아시아
- **분 포** : 전국 식재 가능
- **조경적용도** : 장식용, 액센트식재, 정원수, 공원수, 독립수, 군식

- **관상가치** : 치밀한 수형, 붉은 잎, 크고 붉은 열매
- **내한성** : 강
- **내공해성** : 약
- **내음성** : 양수(그늘에서는 잎이 초록색임)
- **토양적응성** : 적윤지
- **내염성** : 보통

▲ 수고: 10m

▲ 잎: 적색

▲ 꽃: 4~5월에 벚꽃을 닮은 분홍색 꽃이 핀다.

28. 자엽나무

▲ 수피

▲ 열매: 7~8월

 연간관리표

구분	1	2	3	4	5	6	7	8	9	10	11	12
수목변화					꽃	꽃				열매		
번식			실생	실생								
이식	이식	이식									이식	이식
시비				고형복합비료	고형복합비료	고형복합비료				유기질비료		
전정			전정								전정	전정
병충해			균핵병 복숭아혹진딧물									

🌱 번식

실생번식과 삽목번식을 이용한다. 실생번식은 4개월간 4℃에서 저온처리 후 봄에 파종한다. 삽목번식은 여름에 자라고 있는 가지 중 건강한 가지를 골라 15~20cm 정도 자른다. 발근이 안 되는 가지가 있을 수 있으므로 계획한 수보다 몇 가지를 더 자른다. 가지 기부 5cm 정도는 잎과 눈을 모두 따주고, 발근촉진제 처리 후 사질양토에 꽂는다.

✂ 전정

꽃이 진 후인 늦은 봄이나 이른 여름에 전정한다. 죽은 가지, 병든 가지, 부러진 가지, 혼잡한 가지를 솎는다. 당해 꽃이 피지 않았던 오래된 가지를 제거하고, 꽃이 핀 새 가지는 남겨둔다. 곁가지를 많이 내기 위하여 끝눈을 따준다.

전정사례
서로 얽힌 가지, 도장지, 밀생지 등을 제거한다.

🌱 이식

이식은 휴면기인 11~2월이 적기다. 내한성과 내서성이 강하다. 내습성이 약하므로 배수가 잘되고 보수력이 좋으며 토층이 깊고 비옥한 곳이 적지다. 대부분의 품종이 자가불결실성이므로 수분수를 10~30% 혼식한다. 토양이 얕고 척박하면 과실의 발육이 불량하고 수확기에 일소현상이 나타난다.

🌱 시비

밑거름으로 유기질비료를 11월에 수관선 아래 구덩이를 파고 시비하고, 덧거름으로 인산질 성분이 많은 산림용 고형복합비료를 꽃이 피기 전인 4월 하순~6월 하순에 준다. 질소성분이 많은 비료를 주면 꽃이 피지 않고 대신 잎이 무성해지는 등 영양생장을 하게 되므로 주의한다.

병충해

주요 병해로는 균핵병, 잿빛곰팡이병이 있고, 충해로는 복숭아혹진딧물과 깍지벌레가 있다. 균핵병은 비가 잦을 때 잘 발생하며 새잎, 잎자루, 어린 가지, 어린 열매가 갈색으로 변하고 말라 죽는다. 병든 열매는 제거하여 땅에 묻는다. 3~4월 중순에 베노밀수화제를 2주 간격으로 3~4회 살포한다. 잿빛곰팡이병은 잿빛 알갱이 모양의 포자퇴를 빽빽이 만든다. 열매에서 발생하여 가지로 번진다. 병든 열매는 제거하여 땅에 묻는다. 피리메타닐 액상수화제 1,000배액을 7일 간격으로 3회 이내 살포한다. 복숭아혹진딧물은 어린잎의 즙액을 빨아먹으며 잎을 세로로 만다. 발생 초기에 이미다클로프리드 액상수화제 2,000배액을 3회 이내 살포한다. 깍지벌레는 줄기와 가지에 하얗게 무리 지어 살면서 흡즙 가해한다. 수세가 약해지고 심하면 고사한다. 피해 가지를 제거하여 소각한다. 발생하면 디메토에이트유제 1,000배액을 살포한다. 이른 봄 싹트기 전에 기계유유제를 살포한다.

이용사례

▲ 산책로 변 녹지에 군식하여 경관 향상

군식하여 녹음 조성 및 경관 향상 ▶

▲ 잔디밭에 액센트식재하여 시각적 초점 제공

▲ 군식하여 녹음 조성 및 차폐효과   ▲ 길모퉁이에 식재하여 시각적 초점으로 활용   ▲ 건물 앞에 군식하여 차폐효과 및 경관 향상

28. 자엽나무

29 자작나무과 자작나무속 낙엽활엽교목
자작나무

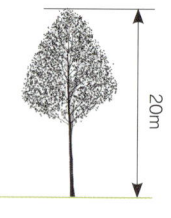

식재지역

- 학 명 : *Betula platyphylla* var. *japonica* (Miq.) H.Hara
- 영 명 : Japanese White Birch
- 일본명 : シラカンバ
- 중국명 : 白樺
- 기타명칭 : 봇나무
- 원산지 : 한국, 중국, 일본, 동부러시아
- 분 포 : 북부 자생, 전국 식재 가능
- 조경적용도 : 장식용, 공원수, 군식
- 관상가치 : 흰색 수피, 가을에 노란 단풍
- 내한성 : 강
- 내공해성 : 약
- 내음성 : 극양
- 토양적응성 : 사질양토
- 내염성 : 약

▲ 수형:원추형, 수고: 20m 이상

▲ 잎: 호생이며 삼각형 난형으로 길이 5~7cm의 치아상의 거치가 있다. 엽병은 길이 1.5~2cm이다.

▲ 꽃: 암수한그루로 잎과 함께 4~5월에 개화한다. 수꽃은 길이 3~5cm로 아래로 늘어지고, 암꽃은 길이 2~3cm로 위를 향해 달린다.

▲ 줄기: 백색이며, 수평으로 벗겨진다.

▲ 열매: 길이 4cm의 원통형으로 9월에 성숙하며, 날개가 너비보다 넓다.

연간관리표

구분	1	2	3	4	5	6	7	8	9	10	11	12
수목변화				꽃	꽃				열매			
번식			실생	실생								
이식		이식	이식								이식	
시비							복합비료				유기질비료	
전정	전정											전정
병충해				자나방	갈색무늬병	갈색무늬병	자나방					

번식

일반적으로 실생번식을 이용한다. 종자는 10~11월에 채종한 뒤 바로 파종하거나 종자의 함수율이 1~3%가 될 때까지 그늘에 말렸다가 1~5℃의 저온에 건조 저장한 후 이듬해 봄에 파종한다. 종자는 저장을 잘못 하면 싹이 잘 트지 않는다. 자작나무 종자는 작고 가볍기 때문에 파종 후 모래로 얕게 덮어주어야 한다. 파종 후 여름까지 짚 등으로 차광해준다.

전정

전정은 되도록 피하도록 하고, 꼭 필요한 경우에만 12~2월 낙엽기에 전정하도록 한다. 안쪽의 필요 없는 가지는 햇빛이 잘 닿지 않으면 고사하므로 제거하도록 한다.

전정사례
교차지, 맹아지, 밀생한 가지 등을 제거한다.

🔸 이식

이식 적기는 휴면기인 11월부터 싹이 트기 전 2~3월까지이다. 큰 나무의 이식은 곤란하고, 수세가 쇠약해지므로 피하는 것이 좋다. 어린 나무일수록 활착율이 높다. 천근성이므로 이식할 때에는 되도록 뿌리분을 넓게 붙여서 심는 것이 좋다.

🔸 시비

11~12월에 밑거름으로 유기질비료 또는 복합비료를 주고, 7월경에도 조금 적은 양을 덧거름으로 준다.

병충해

주요 병해는 갈색무늬병, 줄기마름병, 엽녹병, 갈반병이 있고 충해는 자나방, 호랑하늘소, 알락하늘소, 꽃매미 등이 있다. 갈색무늬병은 6월 중순경 수관 하부 또는 어린 나무의 잎에 발생한다. 잎의 표면에 흑색 반점이 형성되고, 병반의 주위는 황색이다. 병든 낙엽을 모아서 소각한다. 5~6월경 만코제브수화제를 10일 간격으로 2~3회 살포한다. 자나방은 애벌레가 잎을 가해한다. 3~4월에 유충을 포살한다. 8월에 페니트로티온유제 1,000배액을 살포한다.

이용사례

▲ 녹지에 군식하여 경관 향상

▲ 정원에 액센트식재하여 녹음 제공 및 시각적 초점으로 활용

▲ 산책로 변에 군식하여 경관 향상

▲ 건물 전면 광장에 식재하여 녹음효과 및 시각적 초점으로 활용   ▲ 휴게공간 입구에 군식하여 위요감 제공

29. 자작나무

중국단풍

30 단풍나무과 단풍나무속 낙엽활엽교목

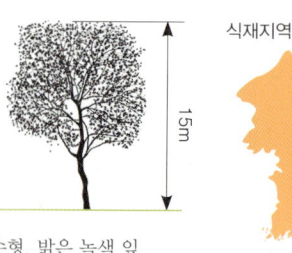

식재지역

- 학 명 : *Acer buergerianum* Miq.
- 영 명 : Trident Maple, Three-toothed Maple
- 일본명 : トウカエデ
- 중국명 : 三角楓
- 기타명칭 : 메시닥나무, 세뿔단풍
- 원산지 : 중국
- 분 포 : 전국 식재 가능
- 조경적용도 : 장식용, 가로수, 공원수, 독립수
- 관상가치 : 단정한 수형, 밝은 녹색 잎, 가을에 붉은 단풍
- 내한성 : 강
- 내공해성 : 강
- 내음성 : 중
- 토양적응성 : 사질양토
- 내염성 : 약
- 이 식 : 용이

▲ 수형: 원형 또는 타원형, 수고: 15m 내외

▲ 잎: 대생하며 긴 난형형 또는 타원형이고 길이 6~10cm이다. 가장자리는 3개로 갈라지며, 어릴 때는 털이 있으나 점차 없어진다.

▲ 꽃: 암수한그루로 가지 끝에 달리며, 담황색의 꽃이 4~5월에 개화한다. 꽃잎과 꽃받침은 각각 5개이며, 수술은 8개이다.

30. 중국단풍

▲ 줄기: 황갈색으로 노목이 되면 벗겨진다. 가지에 털이 없다.

▲ 열매: 시과로 털이 없으며, 10월에 성숙한다. 양쪽 날개는 평행하거나 예각으로 벌어진다.

연간관리표

구분	1	2	3	4	5	6	7	8	9	10	11	12
수목변화				꽃						열매		
번식			실생			삽목						
이식			이식							이식		
시비		유기질비료					복합비료			유기질비료		
전정		전정									전정	
병충해			흰가루병		꼬마쐐기나방	흰가루병						

번식

번식은 실생번식과 삽목번식을 이용한다. 실생번식 시 종자는 건조를 싫어하므로 열매가 갈색이 되었을 때 채취하여 곧바로 노천매장을 한 후 다음 해 봄에 파종한다. 발아촉진을 위해 냉수 침적 후 0~4℃의 저온과 18℃ 이상의 고온을 1~2일 간격으로 번갈아 조성해준다. 삽목번식은 약간 어려우나, 6~7월에 녹지를 절단하여 호르몬처리를 한 후 삽목하면 발근율을 높일 수 있다.

전정

일반적으로 자연가꾸기를 한다. 수관이 옆으로 퍼지는 부정형으로 가꾼다. 전정 시기는 낙엽 후 봄발아 전까지 휴면기간 중에 실시한다. 가로수로 이용되는 경우에는 통행에 지장이 없도록 밑가지를 정리해준다.

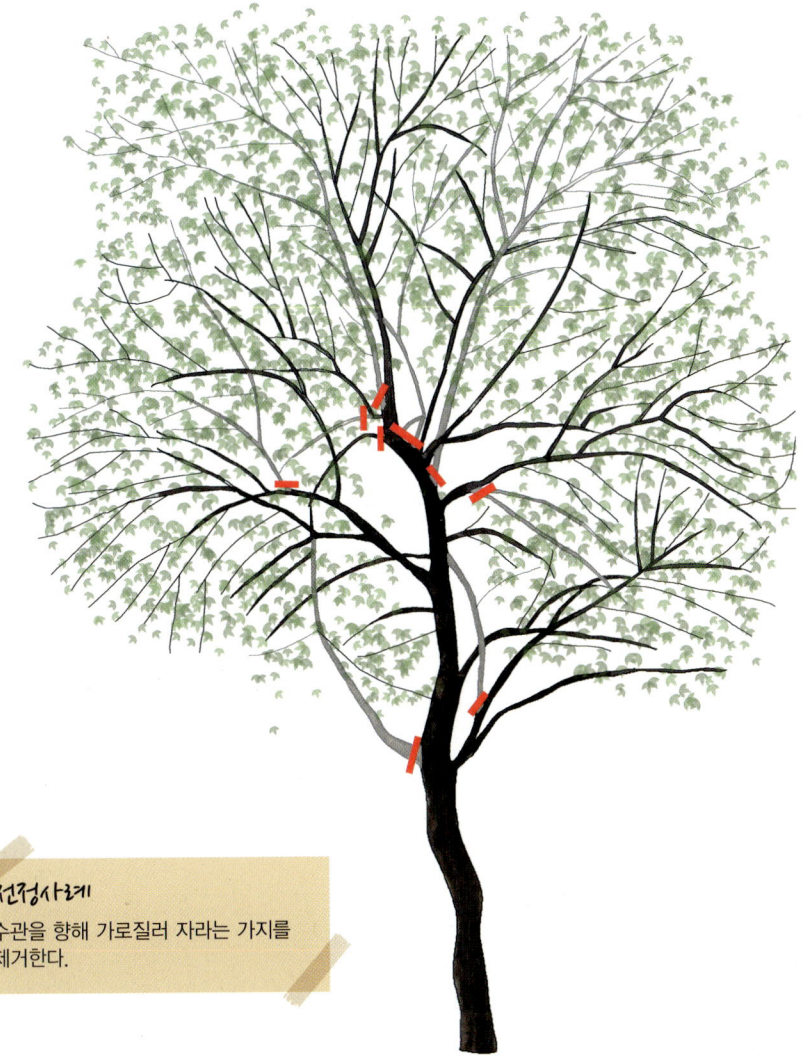

전정사례
수관을 향해 가로질러 자라는 가지를 제거한다.

이식

이식 적기는 휴면기인 11월부터 싹이 트기 전 3월까지이다. 생장이 빠르고 토질을 가리지 않고 잘 자란다. 이식 시 뿌리분을 잘 감아주고 이식 후에는 줄기를 감아 수간을 보호한다.

시비

11~12월 또는 2~3월경에 밑거름으로 유기질비료 또는 복합비료를 시비한다. 7월경 복합비료를 덧거름으로 준다.

병충해

주요 병해는 흰가루병이 있고 충해는 꼬마쐐기나방, 오리나무좀, 미국흰불나방이 있다. 흰가루병은 피해 잎이 정상 잎보다 늦게 떨어지며 어린잎과 새순이 피해를 받으면 위축되어 기형이 된다. 병든 낙엽은 모아서 소각하고 통풍과 채광을 위하여 가지치기를 한다. 비배관리를 하여 수세를 건강하게 만든다. 봄철 새순이 나오기 전에 결정석회황합제를 1~2회 살포하고 장마 직후에는 베노밀수화제를 10일 간격으로 살포한다. 꼬마쐐기나방은 애벌레가 잎을 식해한다. 클로르피리포스수화제 1,000배액을 살포한다.

이용사례

▲ 도로변에 열식하여 경관 향상 및 녹음 제공

▲ 건물 전면 광장에 액센트식재하여 녹음 제공 및 시각적 초점으로 활용

▲ 주차공간에 식재하여 완충효과

▲ 도로변에 열식하여 경관 향상 및 녹음 제공

▲ 공동주택 외곽녹지에 식재하여 녹음효과 및 숲 분위기 연출

▲ 휴게공간에 식재하여 녹음 제공

31 층층나무과 층층나무속 낙엽활엽교목
층층나무

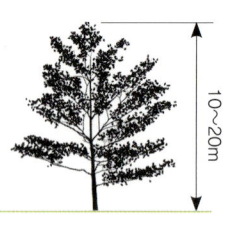

식재지역

10~20m

- 학　명 : *Cornus controversa* Hemsl. ex Prain
- 영　명 : Giant Dogwood
- 일본명 : ミズキ
- 중국명 : 六角樹
- 기타명칭 : 물깨끔나무, 꺼그렁나무
- 원산지 : 한국, 일본, 중국
- 분　포 : 전국에 자생, 전국 식재 가능
- 조경적용도 : 녹음용, 생울타리, 가로수, 공원수, 독립수, 기식, 군식
- 관상가치 : 층층의 수형, 봄에 흰색 꽃
- 내한성 : 강
- 내공해성 : 약
- 내음성 : 중
- 토양적응성 : 사질양토
- 내염성 : 약
- 이　식 : 보통

▲ 수형:원추형, 수고: 10~20m

▲ 잎: 호생하며 넓은 난형 또는 타원형으로 길이 5~12cm, 너비 3~8cm이다. 표면은 녹색이고 뒷면은 백색으로 잔털이 밀생한다.

▲ 꽃: 산방화서로 지름 5~15cm의 백색 꽃이 5월에 개화한다. 꽃잎은 넓은 피침형으로 털이 밀생한다. 꽃잎과 수술은 각각 4개이고 암술은 1개이다.

▲ 줄기: 회갈색으로 세로로 얕게 갈라진다. 가지가 계단상으로 윤생하여 층층으로 돌려나고 수평으로 퍼진다.

▲ 열매: 핵과로 구형이며 지름은 6~7mm이다. 흑색 또는 홍색으로 9월에 성숙한다.

연간관리표

구분	1	2	3	4	5	6	7	8	9	10	11	12
수목변화					꽃				열매			
번식			접목			삽목						
이식			이식							이식		
시비			유기질 비료	고형복합비료						유기질 비료		
전정			전정								전정	
병충해							흰불나방					
							점무늬병					

번식

실생번식과 삽목번식을 이용한다. 실생번식은 가을에 잘 익은 열매를 채취하여 과육을 제거한 후 직파하거나 습기 있는 모래와 섞어 노천매장하였다가 이듬해 봄에 파종한다. 삽목번식은 3~4월에 지난해 자란 가지 중 충실한 것을 골라 꽂거나 6~7월에 새로 자란 가지를 이용한다. 삽목 후 차광해준다.

전정

휴면기인 11~12월 또는 3월에 전정한다. 맹아력이 강하나 자연수형으로 키우는 것이 좋으므로 전정은 도장지와 얽힌 가지를 솎아내는 정도로만 한다. 전체 수관은 원추형이 되도록 전정한다.

전정사례
이름 그대로 층층계단을 생각하면 된다.
고가지, 잔가지, 도장지 등을 제거한다.

이식

이식 적기는 3월이나 10~11월이며, 이식할 때에는 뿌리분을 붙여야 하고, 큰 나무를 이식할 경우에는 1년 전부터 뿌리돌림을 한다.

시비

밑거름으로 유기질비료를 11월경이나 3월에 수관선 아래 구덩이를 판 후 시비하고, 덧거름으로 조경용 고형복합비료를 수목생장기인 4월 하순~6월 하순에 준다.

병충해

주요 병해는 점무늬병이 있고 충해는 흰불나방, 황다리독나방, 큰자나방이 있다. 점무늬병은 잎에 붉은색의 작은 점들이 나타난다. 병든 잎을 수시로 따서 불태우거나 묻어버리고, 발생 초기에 베노밀수화제를 2주 간격으로 살포한다. 흰불나방은 유충이 집단생활을 하므로 쉽게 발견된다. 피해 잎을 제거하고, 유충이 흩어진 후에는 페니트로티온유제를 살포한다. 황다리독나방은 유충이 새순을 가해한다. 6월 초순까지 피해를 주나 나무가 죽지는 않는다. 가해 초기에 페니트로티온수화제 2,000배액을 10일 간격으로 2회 수관에 살포한다. 겨울에 수간에 월동 중인 알덩어리를 채취하여 소각한다.

이용사례

▲ 담장 전면에 층층나무를 식재하여 차폐효과

▲ 액센트식재하여 시각적 초점으로 활용

32 칠엽수과 칠엽수속 낙엽활엽교목
칠엽수

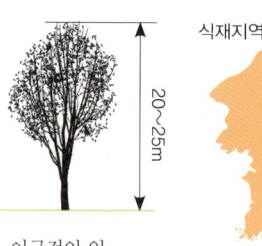

식재지역

- 학   명 : *Aesculus turbinata* Blume
- 영   명 : Japanese Horse Chestnut
- 일본명 : トチノキ
- 중국명 : 日本七葉樹
- 기타명칭 : 마로니에
- 원산지 : 일본
- 분   포 : 전국 식재 가능
- 조경적용도 : 액센트식재, 녹음용, 가로수, 공원수, 독립수, 군식
- 관상가치 : 웅대한 수형, 이국적인 잎
- 내한성 : 강
- 내공해성 : 중
- 내음성 : 중
- 토양적응성 : 사질양토
- 내염성 : 중
- 이   식 : 용이

▲ 수형: 원추형, 수고: 20~25m

▲ 잎: 대생하며 5~7개의 소엽으로 된 장상복엽이다. 가장자리에 겹톱니가 있고 뒷면에는 적갈색의 털이 있다.

▲ 꽃: 가지 끝에 원추화서로 길이 15~23cm, 너비 6~10cm의 꽃이 5~6월에 개화한다. 꽃잎은 4장으로 원형이며, 꽃받침은 종 모양으로 불규칙하게 5갈래로 갈라진다.

▲ 줄기: 회갈색으로 얇은 판처럼 갈라진다. 수지상 점액을 갖는다.

▲ 열매: 견과로 구형이며 지름은 5cm이고 10월에 성숙한다. 3갈래로 갈라지며 원추형 종자가 들어 있다.

30초 연간관리표

구분	1	2	3	4	5	6	7	8	9	10	11	12
수목변화					꽃					열매		
번식			실생									
이식	이식	이식									이식	이식
시비			유기질 비료	고형복합비료						유기질 비료		
전정			전정								전정	
병충해				얼룩 무늬병		깍지 벌레						

🌱 번식

실생번식을 주로 한다. 가을에 종자를 채취하여 젖은 모래에 노천매장하였다가 이듬해 봄에 파종한다. 파종분이나 상자에 파종하여 그늘에 두면 빨리 발아한다. 파종 후 굵은 직근이 나오면 뿌리를 자른 후 옮겨 심는다. 삽목번식은 봄에 전 해에 자란 가지를 15cm 길이로 잘라 묘상에 꽂는다. 발근율은 낮은 편이다.

전정

휴면기인 11~12월 또는 3월에 전정한다. 전정이 거의 필요없는 수종으로 자연수형으로 키워도 단정하므로, 도장지와 얽힌 가지를 솎아내는 정도로만 한다. 전체의 수관은 원추형으로 전정한다.

전정사례
잔가지, 죽은가지, 얽혀 있는 가지만 제거한다. 필요 이상의 가지를 자르면 수형이 흐트러질 수 있고 오히려 나무에 해롭다.

이식

이식 적기는 휴면기인 11월부터 싹이 트기 전 3월까지이다. 직근이 깊게 뻗어 이식이 쉽지 않다. 식재장소로는 나무가 크게 자라고 잎이 크기 때문에 강한 바람의 피해를 입기 쉬우므로 가까이에 방풍림이나 건물 등 바람막이가 있는 곳이 바람직하다.

시비

밑거름으로 유기질비료를 11월경이나 3월에 수관선 아래 구덩이를 판 후 시비하고, 덧거름으로 조경용 고형복합비료를 수목생장기인 4월 하순~6월 하순에 준다.

병충해

주요 병해는 얼룩무늬병이고 충해로는 흰불나방과 깍지벌레 등이 있다. 얼룩무늬병은 잎에 적갈색 반점이 생기면서 햇볕에 타서 그을은 것처럼 보인다. 병든 잎은 소각하고, 계속해서 발병한 나무는 비배관리를 잘하여 건강하게 키운다. 만코제브수화제 500배액을 10일 간격으로 2회 정도 살포한다. 흰불나방은 유충이 잎을 갉아 먹는다. 피해 잎은 갈색으로 변하고 수관 내부보다는 바깥쪽과 수관 상부에 더 많이 발생한다. 5월 하순~10월 사이에 나크수화제를 살포한다. 깍지벌레는 5월 하순~6월경에 가지 또는 줄기의 피목(皮目)이나 수피 틈에 정착하여 흡즙 가해한다. 6월경 유충발생기에 디메토에이트유제를 살포한다. 상습적으로 발생하는 경우에는 석회유황합제를 살포한다.

▲ 칠엽수를 열식하여 어린이 놀이터의 경계식재로 활용

▲ 가로변 녹지에 식재하여 녹음 제공

▲ 휴게공간에 액센트식재하여 녹음 제공 및 시각적 초점으로 활용   ▲ 액센트식재하여 녹음 제공 및 시각적 초점으로 활용

33 목련과 튜울립나무속 낙엽활엽교목
튜울립나무

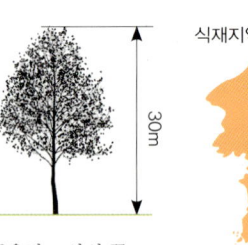
식재지역

- 학 명 : *Liriodendron tulipifera* L.
- 영 명 : Tulip Tree
- 일본명 : ユリノキ
- 중국명 : 百合木
- 기타명칭 : 목백합, 백합나무
- 원산지 : 북아메리카
- 분 포 : 전국 식재 가능
- 조경적용도 : 장식용, 녹음용, 가로수, 공원수, 독립수
- 관상가치 : 평평한 잎, 튜울립 모양의 꽃
- 내한성 : 강
- 내공해성 : 강
- 내음성 : 중
- 토양적응성 : 사질양토
- 내염성 : 약
- 이 식 : 곤란

▲ 수형: 광원추형, 수고: 30m

▲ 잎: 호생하며 끝이 수평으로 자른 듯하다. 길이 7~12cm로 어린 잎은 뒷면에 백색 털이 있다.

▲ 꽃: 가지 끝에 튜울립 같은 모양으로 5~6월에 개화한다. 꽃잎은 6장으로 꽃잎 안쪽에 오렌지색 반점 무늬가 있다.

33. 튜울립나무

▲ 줄기: 회백색으로 노목이 되면 세로로 깊게 갈라진다.

▲ 열매: 취합과는 길이 7cm이고 10월에 성숙한다. 날개가 있는 소견과는 길이 5mm로 끝이 뾰족하다.

연간관리표

구분	1	2	3	4	5	6	7	8	9	10	11	12
수목변화					꽃					꽃		
번식			실생									
이식			이식								이식	
시비			유기질 비료	복합 비료								
전정			전정							전정		
병충해				알락 하늘소		모무늬 낙엽병						

번식

실생번식을 주로 한다. 가을에 종자를 채취하여 방충망 용기에 종자와 가는 모래를 약 1:2의 비율로 혼합하여 배수가 잘 되는 곳에 매장하였다가 이듬해 봄에 파종한다. 혼합된 종자와 모래는 손으로 쥐었을 때 손바닥에 습기가 약간 묻는 정도가 적당하다. 발아율은 낮은 편이다.

전정

전정이 필요하지 않은 수종으로 자연수형으로 가꾼다.

이식

이식 적기는 휴면기인 11월부터 싹이 트기 전 3월까지이다. 이식할 때 가능하면 묘목의 뿌리가 상하지 않도록 분을 만들어 이식한다. 큰 나무를 이식할 때는 미리 뿌리

전정사례
수관이 너무 빽빽하므로 위로 솟은 가지와 잔가지를 제거해 통풍을 원활하게 해준다.

돌림을 하며 이식 후 반드시 지주목을 세워 바람에 쓰러지지 않도록 한다.

시비

밑거름으로 유기질비료를 3월에 수관선 아래 구덩이를 파고 시비하고, 덧거름으로 조경용 고형복합비료를 수목생장기인 4월 하순~6월 하순에 준다.

병충해

주요 병해는 세균성반점병이 있고 충해는 알락하늘소와 깍지벌레가 발생한다. 세균성반점병은 잎에 반점이 생기며 스트렙토마이신 1,000배액을 살포한다. 알락하늘소는 줄기에 구멍을 뚫고 침입하여 알을 낳는다. 애벌레는 철사로 찔러 죽이고, 성충이 우화한 후에는 일주일 간격으로 다수진유제, 파프유제 등을 살포한다.

▲ 산책로 변에 열식하여 녹음효과

▲ 도로변에 열식하여 녹음효과 및 시선 유도

▲ 광장에 식재하여 녹음효과

▲ 공원에 식재하여 녹음효과   ▲ 건물 전면에 액센트식재하여 녹음 제공 및 시각적 초점으로 활용

34 장미과 마가목속 낙엽활엽교목
팥배나무

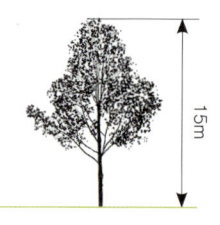

식재지역

- 학 명 : *Sorbus alnifolia* (Siebold & Zucc.) K.Koch
- 영 명 : Korean Mountain Ash
- 일본명 : アズキナシ
- 중국명 : 杜
- 기타명칭 : 참팥배나무, 벌팥배나무
- 원산지 : 한국, 일본
- 분 포 : 전국에 자생, 전국 식재 가능
- 조경적용도 : 장식용, 녹음용, 정원수, 공원수, 독립수, 기식
- 관상가치 : 봄에 흰색 꽃, 가을에 붉은 열매
- 내한성 : 강
- 내공해성 : 강
- 내음성 : 중
- 토양적응성 : 사질양토
- 내염성 : 중
- 이 식 : 보통

◀ 수형: 원정형, 수고: 15m

▲ 잎: 호생하며 난형 또는 타원형으로 길이 5~10cm, 너비 3.5~7cm이다. 가장자리에 불규칙한 겹톱니가 있으며 측맥이 뚜렷하다.

▲ 꽃: 가지 끝에 산방화서로 6~10개의 흰색 꽃이 개화한다. 꽃잎과 꽃받침은 각각 5개이다.

34. 팥배나무

▲ 줄기: 회갈색으로 피목이 뚜렷하다.   ▲ 열매: 이과로 타원형이며 지름 1cm로 9~10월에 붉게 성숙한다.

연간관리표

구분	1	2	3	4	5	6	7	8	9	10	11	12
수목변화					꽃					열매		
번식											실생	
이식	이식	이식									이식	이식
시비						덧거름				유기질비료		
전정			전정								전정	
병충해				붉은별무늬병 / 배붉은흰불나방		그을음병						

🌱 번식

실생번식을 주로 한다. 10~11월에 잘 익은 종자를 채취하여 과육을 제거한 후 정선하여 종자가 건조되기 전에 젖은 모래와 섞어서 노천매장 후 이듬해 봄에 파종한다. 습도는 80% 정도로 유지되도록 한다.

✂ 전정

11~12월 또는 3월에 전정한다. 역지, 안쪽 가지, 얽힌 가지 등 불필요한 가지를 제거하고 자연수형으로 가꾼다. 수형을 일정한 크기로 유지하려면 정기적으로 전정해 준다.

전정사례
주간과 같은 세력으로 자라는 곁가지를 제거한다. 밀생지, 교차지 등을 제거한다.

이식

이식 적기는 휴면기인 11월부터 싹이 트기 전 3월까지이다. 잎이 나온 뒤 5~6월의 이식은 잎과 가지를 솎아내어 증산을 억제해주면 가능하다. 이식은 쉬운 편이지만 뿌리가 길게 뻗는 성질이 있으므로 뿌리분을 크게 뜨는 것이 좋다. 향나무 근처에서는 붉은별무늬병이 발생할 수 있다.

시비

11~12월에 밑거름으로 유기질비료 또는 복합비료를 주고, 7월경에도 조금 적은 양을 덧거름으로 준다.

병충해

주요 병해로는 붉은별무늬병과 그을음병이 있고, 충해는 배붉은흰불나방과 짚신깍지벌레가 있다. 붉은별무늬병은 잎에 적갈색의 반점이 나타나며 시간이 지나면 털 모양의 돌기가 나타난다. 중간 숙주인 향나무를 제거한다. 방제는 4월 초순에서 5월 중순 사이에 트리아디메폰수화제 500배액을 7~10일 간격으로 3~5회 살포한다. 그을음병은 잎에 흑녹색의 장타원형 병반이 생기며, 비가 많고 6~7월에 일조량이 부족할 때 많이 발생한다. 통풍을 관리하고 질소질 비료를 과다 시비하지 않는다. 만코제브수화제 800배액을 살포한다. 배붉은흰불나방은 유충이 잎을 가해한다. 방제는 유충발생기인 5월경에 페니트로티온유제 또는 델타메트린유제 1,000배액을 1~2회 살포한다.

이용사례

▲ 액센트식재하여 녹음 제공   ▲ 녹지대에 군식하여 녹음 제공

▲ 액센트식재하여 녹음 제공 및 시각적 초점으로 활용

35 느릅나무과 팽나무속 낙엽활엽교목
팽나무

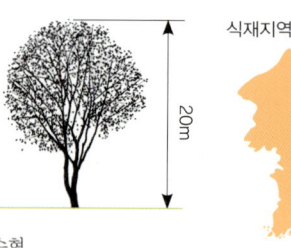

식재지역

- **학 명** : *Celtis sinensis* Pers.
- **영 명** : Chinese Hackberry
- **일본명** : エノキ
- **중국명** : 朴樹
- **기타명칭** : 포구나무, 자주팽나무
- **원산지** : 한국, 중국, 일본
- **분 포** : 온대 남부 이남에 자생, 전국 식재 가능
- **조경적용도** : 녹음용, 방풍용, 독립수, 가로수, 공원수
- **관상가치** : 웅장한 수형
- **내한성** : 중
- **내공해성** : 강
- **내음성** : 중용수
- **토양적응성** : 적윤지
- **내염성** : 강
- **이 식** : 용이

▲ 수형: 평정형, 수고: 20m

▲ 잎: 호생하며 달걀형 또는 긴 타원형으로 길이 4~11cm, 너비 3~5cm이다. 끝이 뾰족하고 잔톱니가 있으며, 3출맥이다.

▲ 꽃: 암수한그루로 액생하며 4~5월에 개화한다. 수꽃은 새 가지의 밑의 엽액에 달리며, 암꽃은 새 가지 위 엽액에 달린다.

35. 팽나무

▲ 줄기: 흑갈색으로 어린가지는 잔털이 밀생한다.

▲ 열매: 핵과로 원형이고 지름 7~8mm이며 10월에 적갈색으로 성숙한다. 과육은 맛이 달콤하며 먹을 수 있다.

연간관리표

구분	1	2	3	4	5	6	7	8	9	10	11	12
수목변화				꽃	꽃					열매		
번식			실생,삽목,접목									
이식											이식	
시비			유기질 비료		복합 비료	복합 비료					유기질 비료	
전정			전정								전정	
병충해			흰가루병	알락진딧물			흰가루병					

번식

실생번식, 삽목번식, 접목번식을 주로 한다. 실생번식은 가을에 종자를 채종하여 건조노천매장하였다가 이듬해 봄에 파종한다. 건조노천매장은 종자를 바람이 잘 통하고 그늘진 곳에 3~7일간 건조시킨 후 방충망에 담아 지하 40~50cm 깊이에 노천매장하는 방법이다. 삽목번식은 이른 봄에 지난해 자란 가지를 10cm 정도 잘라 토양에 꽂는다. 접목번식은 2년생 실생묘를 대목으로 하여 초봄에 깎기접한다.

전정

자연수형으로 기르는 것이 아름다우므로 전정은 마른 가지, 죽은 가지, 얽혀 있는 가지를 솎아주는 정도로만 한다.

전정사례
교차지, 도장지, 고사지 등을 제거한다.

이식

휴면기인 11~3월 사이에 이식한다. 이식이 쉽고 적응성이 뛰어난 수종이다.

시비

밑거름으로 유기질비료를 11월경이나 3월에 수관선 아래 구덩이를 파고 시비하고, 덧거름으로 조경용 고형복합비료를 수목생장기인 4월 하순~6월 하순에 준다.

병충해

주요 병해는 흰가루병, 겹둥근무늬병이 있고 충해는 알락진딧물, 주머니깍지벌레, 큰팽나무이가 발생한다. 흰가루병은 잎의 앞면에 밀가루 같은 흰가루가 생기는 병이다. 봄에 새순이 나오기 전에 석회유황합제를 뿌려주고 여름에 만코제브수화제, 베노밀수화제 1,000배액 등을 2주 간격으로 3~4회 살포한다. 알락진딧물은 잎 뒷면에 서식하며 흡즙 가해하고 조기 낙엽을 불러온다. 부화유충기인 4월에 메티다티온유제 1,000배액, 또는 이미다클로프리드 액상수화제 2,000배액을 10일 간격으로 1~2회 살포한다.

▲ 공동주택 전면에 액센트식재

▲ 공원에 식재하여 녹음 제공

▲ 공동주택 전면에 액센트식재하여 녹음 제공 및 경관효과

▲ 휴게공간에 액센트식재하여 녹음 제공

▲ 공동주택 전면에 식재하여 녹음 제공

▲ 강변에 식재하여 녹음 제공

35. 팽나무

36 콩과 고삼속 낙엽활엽교목
회화나무

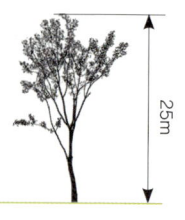

식재지역

- 학 명 : *Sophora japonica* L.
- 영 명 : Chinese Scholar Tree
- 일본명 : エンジュ
- 중국명 : 槐樹
- 기타명칭 : 회나무, 과나무
- 원산지 : 한국, 중국
- 분 포 : 전국에 자생, 전국 식재 가능
- 조경적용도 : 녹음용, 가로수, 공원수, 독립수, 기식, 군식
- 관상가치 : 수형, 황백색 꽃, 특이한 꼬투리
- 내한성 : 강
- 내공해성 : 강
- 내음성 : 중
- 토양적응성 : 사질양토
- 내염성 : 강
- 이 식 : 용이

▲ 수형: 원형 또는 타원형, 수고: 25m

▲ 잎: 호생으로 기수우상복엽이며 소엽은 7~17개이다. 난상 피침형 또는 난형으로 예두이며 원저 또는 넓은 예저이다. 표면은 녹색이고 뒷면은 회색이 돌며 짧은 털이 있다.

▲ 꽃: 원추화서로 길이가 15~30cm의 담황색 꽃이 8월에 개화한다.

36. 회화나무

▲ 줄기: 녹색으로 세로로 얕게 갈라진다. 회색의 피목이 발달했다.

▲ 열매: 협과로 염주 모양이며 길이는 5~8cm이다. 껍질의 육질이 발달하고 10월에 성숙한다.

연간관리표

구분	1	2	3	4	5	6	7	8	9	10	11	12
수목변화								꽃		열매		
번식			실생, 삽목									
이식		이식									이식	
시비			유기질 비료	고형복합비료							유기질 비료	
전정			전정									전정
병충해				녹병		깍지벌레						

번식

실생과 삽목번식을 주로 한다. 실생번식은 10월경 성숙한 열매를 채취하여 노천매장하였다가 이듬해 3~4월경에 파종한다. 파종상은 보수력이 있고 부드러우며 배수가 잘 되는 비옥한 땅이 좋다. 파종은 이랑 너비 30cm로 줄뿌림한다. 회화나무 1ℓ당 종자수량은 5,600개 정도다. 파종 후 발아까지 소요되는 기간은 10일 정도이다. 실생 2년생은 약 50~60cm 정도로 자란다. 삽목번식은 3~4월경에 지난해 자란 가지를 잘라 묘상에 꽂는다. 삽목 활착율은 높지 않다.

전정

휴면기인 11~12월 또는 3월에 전정한다. 전정이 거의 필요 없는 수종으로 도장지, 얽혀 있는 가지를 솎아주는 정도로만 하여 자연수형으로 가꾼다.

전정사례
고사지, 밀생지, 서로 얽힌 가지 등을 제거한다.

🔨 이식

이식 적기는 휴면기인 11월부터 싹이 트기 전 3월까지이다. 이식은 용이한 편이다. 토질은 비옥한 사질양토가 적지다. 햇빛이 잘 드는 곳에 식재해야 생육이 양호하다. 수관이 넓어 공간을 많이 차지하므로 식재 간격을 적정하게 유지한다.

🌱 시비

밑거름으로 유기질비료를 11월경이나 3월에 수관선 아래 구덩이를 판 후 시비하고, 덧거름으로 조경용 고형복합비료를 수목생장기인 4월 하순~6월 하순에 준다.

36. 회화나무

병충해

주요 병해로는 녹병이 있으며 충해는 깍지벌레가 있다. 녹병은 가지와 줄기에 혹이 생기고 혹 부위가 썩어 가지와 줄기가 부러지게 된다. 잎에는 7월 초 황갈색의 가루 덩이가 나타난다. 방제는 병든 잎이나 가지, 줄기를 제거하여 불에 태우고, 만코제브수화제를 한 달에 1~2회 살포한다. 깍지벌레는 지상부에서 흡즙 가해한다. 기계유유제나 수프라사이드를 살포한다.

▲ 수양회화나무를 액센트식재하여 시각적 초점으로 활용

▲ 군식하여 녹음 제공

▲ 도로변에 식재하여 녹음 제공

▲ 가로변을 따라 열식하여 녹음 조성 및 경관 향상

▲ 산책로 변에 수양회화나무를 열식함

▲ 광장에 액센트식재

Chapter 2

수종별
유지관리
– 상록교목

Trees maintenance manual
in each species

가시나무

01 참나무과 참나무속 상록활엽교목

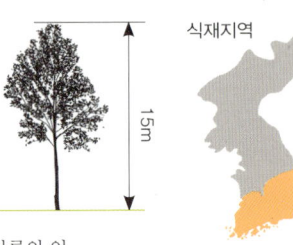

식재지역

- **학　명** : *Quercus myrsinaefolia Blume*
- **영　명** : Myrsinaleaf Oak
- **일본명** : シラカシ
- **중국명** : 小葉靑風
- **기타명칭** : 정가시나무
- **원산지** : 한국, 중국, 일본
- **분　포** : 진도, 제주도에 자생, 남부지방에 식재 가능
- **조경적용도** : 녹음용, 방풍용, 방화용, 생울타리, 공원수, 독립수, 군식, 열식

- **관상가치** : 수형, 수피, 상록의 잎
- **내한성** : 중
- **내공해성** : 강
- **내음성** : 중
- **토양적응성** : 사질양토, 점토
- **내염성** : 강
- **이　식** : 곤란

▲ 수형: 원정형, 수고:15m 이상

▲ 잎: 호생하고 피침형이며 가장자리에 잔톱니가 있다. 길이 7~12cm, 너비 1.5~3cm이고 표면은 윤택이 있으며 뒷면은 회백색이다.

꽃은 암수한그루로 4~5월에 개화한다. 수꽃은 지난해 자란 가지에서 밑으로 처지고, 암꽃은 새 가지의 위쪽에 개화한다.

01. 가시나무

▲ 줄기: 흑회색이다.

▲ 열매: 견과는 타원형 또는 난상 타원형으로 10월에 성숙한다. 길이 1.5~1.7cm으로 회백색 털이 있다.

연간관리표

구분	1	2	3	4	5	6	7	8	9	10	11	12
수목변화					꽃					열매		
번식						삽목						
이식				이식					이식			
시비							복합비료				유기질비료	
전정			전정								전정	
병충해					자줏빛곰팡이병			거북밀깍지벌레				
					거북밀깍지벌레							

🌱 번식

주로 실생번식을 이용한다. 가을에 채취한 열매를 모래 속에 저장하였다가 다음 해 봄에 파종한다. 참나무류의 종자는 저장하기 전에 살균, 살충 처리를 해주어야 한다. 밭에 뿌릴 때는 얕게 홈을 파고 줄뿌림을 하고, 파종상에 뿌릴 때는 흩어뿌림을 하며 종자 크기의 2배 정도로 흙을 덮고 눌러준다. 종자가 건조하면 발아율이 낮아지므로 주의한다.

✂ 전정

봄에 새순이 싹트기 전이나 가을에 전정한다. 가지 선단이 왕성하게 분지하여 생장하는 성질이 있다. 방치하면 밑의 가지는 영양부족으로 자라지 못하므로 선단부를 억제하도록 전정한다.

전정사례
한곳에 여러 개의 가지가 몰려 나게 되면 약해지므로 밀생한 가지를 제거한다.

이식

이식 적기는 3~4월과 9월이다. 큰 나무는 이식 후 활착이 어려우므로 전년도에 반드시 뿌리돌림을 해두었다가 이듬해에 옮겨 심는 것이 안전하다. 실생종은 직근성이며 잔뿌리가 적기 때문에 뿌리돌림해준다. 뿌리돌림을 하지 않고 옮겨 심을 경우에는 강전정을 해주는 것이 좋다.

시비

11~12월에 밑거름으로 유기질비료 또는 복합비료를 주고, 7월경에도 복합비료를 덧거름으로 준다.

병충해

주요 병해는 자줏빛곰팡이병이 있고 충해는 거북밀깍지벌레가 있다. 자줏빛곰팡이병은 가시나무류에 흔히 발생하는 병으로, 나무의 생육에 피해를 주지는 않지만 잎에 흑갈색 병반을 만들어 심하게 발생하면 잎이 지저분한 모습을 띠므로 나무의 외관이 손상된다. 방제는 통풍과 채광을 잘 관리하고, 병이 자주 발생하는 곳에서는 베노밀수화제를 한 달에 1~2회 살포한다. 거북밀깍지벌레는 잎과 가지에 붙어 흡즙 가해한다. 발생 초기에 메프수화제를 25g/물 20ℓ로 살포한다.

이용사례

▲ 건물 전면에 열식하여 차폐효과 및 녹음효과

▲ 도로변에 열식하여 녹음효과 및 시선 유도

▲ 공동주택 전면에 군식하여 차폐효과

▲ 공동주택 중심정원에 군식하여 녹음효과 및 경관 향상

▲ 액센트식재하여 중심목으로 활용

▲ 주택가 중심정원에 군식하여 녹음효과

02 측백나무과 상록침엽교목
가이즈까향나무

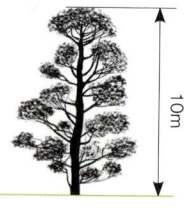

식재지역

- 학 명 : *Juniperus chinensis* var. Kaizuka
- 영 명 : Kaizuka juniper
- 일본명 : カイヅカビャクシン
- 중국명 : 龙柏
- 기타명칭 : 나사백, 왜향나무
- 원산지 : 일본
- 분 포 : 전국 식재 가능
- 조경적용도 : 생울타리, 차폐용, 독립수
- 관상가치 : 상록으로 단정한 수형, 진녹색의 잎
- 내한성 : 강
- 내공해성 : 강
- 내음성 : 양
- 토양적응성 : 적윤지
- 내염성 : 중
- 이 식 : 용이

▲ 수형: 원추형, 수고: 10m

▲ 잎: 7~8년생부터 인엽이 생기며, 엽서는 4~6줄로 되어 있다.

▲ 꽃: 암수딴그루로 4월에 개화한다. 암꽃은 구형으로 지름 1.5mm 이며, 수꽃은 타원형으로 길이 3mm이다.

02. 가이즈까향나무

▲ 줄기: 적갈색 또는 흑갈색이며, 세로로 갈라진다.

▲ 열매: 구과로 편구형 또는 구형이며 길이 6mm, 지름 3.7mm이다.

연간관리표

구분	1	2	3	4	5	6	7	8	9	10	11	12
수목변화				꽃						열매		
번식			실생									
			삽목									
이식				이식								
시비			유기질비료			복합비료					유기질비료	
전정			전정								전정	
병충해			녹병, 향나무하늘소									

 ## 번식

실생번식과 삽목번식이 모두 가능하나 삽목번식을 주로 한다. 실생번식은 11월에 잘 익은 열매를 채취하여 과육을 제거하고 종자를 채종한다. 종자는 발아촉진 처리를 하여 노천매장 후 이듬해 봄에 파종한다. 볏짚을 덮어 건조하지 않게 관리한다. 발아하는데 시일이 걸리며 발아율이 낮다. 삽목번식은 3~4월에 지난해 자란 가지를 12~15cm의 길이로 잘라 기부의 잎을 1/3 정도 제거한 후 삽목한다. 토양과 공기의 습도가 중요하므로 비닐 터널을 만들어 덮어주어 관리한다. 접목번식은 대목은 줄기가 곧고 생장력이 좋으며 연필만 한 굵기를 가진 것을 사용한다. 접수는 1년생 가지 중 굵기가 대목과 비슷한 것을 택하며 보통 깎기접을 실시한다.

전정사례
전체 외관을 단정하게 정리한다.
밀생지, 교차지, 맹아지 등을 제거한다.

전정

수형이 흐트러지지 않아 손질이 용이하다. 강전정에 강하고, 맹아력도 있어서 적기가 아니라도 언제든지 전정이 가능하다. 생울타리나 토피어리 등 자유로운 형태로 전정이 가능하다. 강전정을 하면 삼나무와 같이 날카로운 가지 대신에 잎이 나오므로 빨리 제거한다. 처진 가지는 가지가 복잡해지는 원인이 되므로 제거한다. 가지가 나선상으로 자라는 것을 생각하여 안쪽으로 향한 눈은 남겨두고 바깥쪽으로 향한 눈을 제거하면 아름다운 불꽃 모양이 된다.

이식

이식은 3~4월이 적기이고, 5~6월 장마기에도 이식이 가능하다. 중부지방에서 가을에 이식하면 동해를 입을 수 있다. 거목이나 노목의 이식은 여름과 가을은 피한다.

시비

11~12월 또는 2~3월경에 밑거름으로 유기질비료 또는 복합비료를 시비한다. 6월경 복합비료를 덧거름으로 준다.

병충해

주요 병해는 녹병과 잎마름병이 있고, 충해는 향나무하늘소가 발생한다. 녹병은 잎이 적갈색으로 고사한다. 병균은 향나무 잎에 기생하여 월동하고, 봄이 되면 모과나무, 사과나무 등 장미과의 식물에 옮겨가 붉은별무늬병을 일으킨다. 방제는 3~4월에 티디폰수화제를 15일 간격으로 2~3번 살포한다. 향나무하늘소는 애벌레가 수피 밑의 형성층을 갉아먹어 나무가 말라 죽는다. 배설물을 외부로 배출하지 않아 발견하기 어렵다. 수분과 영양분 이동을 차단하여, 상층부가 고사된다. 페니트로티온유제(스미치온)와 다이아지논유제(다이아톤) 혼합액을 200~500배 희석하여 3~4월에 7~10일 간격으로 3~5회 살포하여 방제한다.

이용사례

▲ 건물 전면 화단에 열식하여 차폐효과

▲ 공동주택 출입구에 액센트식재하여 입구 강조

▲ 분리녹지에 열식

전정으로 다양한 모양 연출 ▶

▲ 잔디밭에 군식하여 시각적 초점으로 활용

▲ 건물 전면에 열식하여 조형미 강조

03 소나무과 전나무속 상록침엽교목
구상나무

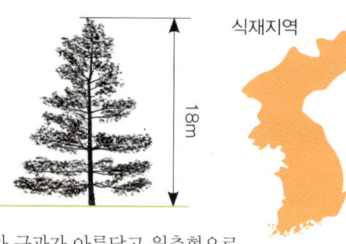

식재지역

- 학 명 : *Abies koreana* E. H. Wilson
- 영 명 : Korean fir
- 일본명 : ゴヨウマツ
- 중국명 : 濟州白檜
- 원산지 : 한국
- 분 포 : 해발 500~2,000m 고산지대에 자생, 전국 식재 가능
- 조경적용도 : 장식용, 독립수, 군식
- 관상가치 : 잔가지와 구과가 아름답고 원추형으로 균형된 수형을 이루고 있음
- 내한성 : 강
- 내공해성 : 약
- 내음성 : 음
- 토양적응성 : 사질양토
- 내염성 : 약
- 이 식 : 보통

▲ 수형: 원추형, 수고: 18m

▲ 잎: 상록성의 선형으로 길이 9~14mm, 너비 2.1~2.4mm이며 끝이 얕게 갈라지고 뒷면은 백색이다.

▲ 꽃: 암수한그루이며 암꽃은 짙은 자색이고 6월에 개화한다.

▲ 줄기: 거칠고 회갈색이다.

▲ 열매: 구과, 원통형, 길이 4~6cm, 너비 20~28mm, 녹갈색 또는 자 갈색, 9~10월에 성숙한다.

연간관리표

구분	1	2	3	4	5	6	7	8	9	10	11	12
수목변화						꽃				열매		
번식			실생									
이식				이식						이식		
시비			유기질비료		고형복합비료					유기질비료		
전정										전정		
병충해							잎떨림병					
					애기솔알락명나방							
				솔거품벌레								

🌱 번식

실생번식을 이용한다. 가을에 채종한 종자를 기건저장하였다가 다음 해 봄 파종하기 1개월 전에 노천매장한 후 파종한다. 구상나무 묘목은 파종상에서 모잘록병, 입고병의 피해가 심하므로 파종하기 전에 토양을 소독하여 파종한다. 파종 후 차광하여 증산을 억제한다.

✂️ 전정

전정은 10~11월에 마른 가지나 혼잡한 가지를 솎아주는 정도로 하여 자연수형을 유지한다.

전정사례
구상나무는 마디에 맞추어 전정한다.
위로 솟은가지, 죽은가지를 제거한다.
답답해 보이는 아랫단을 제거하면
단정해 보인다.

이식

이식 적기는 3~5월, 10~11월이며, 큰 나무는 이식하기 어렵다.

시비

비옥한 토양을 좋아한다. 밑거름으로 유기질비료를 11월경이나 3월에 수관선 아래 구덩이를 판 후 시비하고, 덧거름으로 조경용 고형복합비료를 수목생장기인 4월 하순~6월 하순에 준다.

병충해

주요 병해는 잎떨림병이 있고 충해는 애기솔알락명나방, 큰솔알락명나방, 솔거품벌레 등이 발생한다. 잎떨림병은 5월 중순경 잎이 누렇게 되면서 조금씩 떨어지기 시작하다가 5월 하순~6월 초순에 잎 전체가 황갈색이 되면서 심하게 낙엽이 진다. 병든 잎이 모두 떨어지면 모아서 곧바로 태운다. 평소에 비배관리를 잘하여 수세를 증진시키고 배수가 잘 되도록 관리한다. 7~9월에 만코제브수화제, 클로로탈로닐 액상수화제, 동수화제 등을 2주 간격으로 3~4번 뿌린다. 애기솔알락명나방은 유충이 신초나 구과 속을 식해하며 6~7월에 발생한다. 피해 신초는 제거하고 페니트로티온유제 1,000배액을 6월에 2회 수관 살포한다. 솔거품벌레는 5~6월 신초에 기생하여 흡즙하고 거품 모양의 물질을 분비한다. 페니트로티온유제 500배액을 살포한다.

이용사례

▲ 독립수로 액센트식재하여 입구감을 강조하고 시각적 초점 제공

▲ 길모퉁이에 액센트식재하여 시각적 초점으로 활용

▲ 어린이 놀이터에 식재하여 차폐 및 도로와 분리

▲ 휴게공간과 주차장 사이에 식재하여 차폐 및 완충효과

▲ 건물 전면에 군식하여 경관효과

04 차나무과 차나무속 상록활엽소교목
동백나무

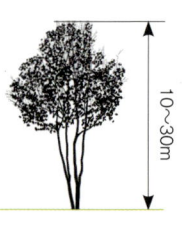

식재지역

- 학 명 : *Camellia japonica* L.
- 영 명 : Common Camellia
- 일본명 : ヤブツバキ
- 중국명 : 冬柏木
- 기타명칭 : 뜰동박나무
- 원산지 : 한국, 중국, 일본
- 분 포 : 중부 이남과 황해도 이남 해안가에 자생, 중부 이남에 식재 가능
- 조경적용도 : 장식용, 생울타리, 차폐용, 액센트식재, 가로수, 정원수, 공원수, 독립수, 군식
- 관상가치 : 회갈색 수피, 광택이 있는 짙은 녹색 잎, 겨울의 붉은 꽃, 열매
- 내한성 : 중
- 내공해성 : 중
- 내음성 : 중용
- 토양적응성 : 사질양토
- 내염성 : 강
- 이 식 : 보통

▲ 수형: 원형 또는 타원형, 수고: 10~30m

▲ 잎: 호생하며 장타원형 또는 타원형으로 점첨두이다. 길이 5~12cm, 너비 3~7cm이며 가장자리에 물결의 잔톱니가 있다. 혁질로 광택이 난다.

▲ 꽃: 한 개씩 정생 또는 액생하며 3월에 개화한다. 꽃잎은 5~7개이며 암술대는 3개로 갈라진다.

▲ 줄기: 회갈색으로 매끄러우며 불규칙한 모양이다.

▲ 열매: 삭과로 구형이며 10월에 성숙한다. 지름 3~4cm로 3갈래로 갈라지며 검은 종자가 있다.

연간관리표

구분	1	2	3	4	5	6	7	8	9	10	11	12
수목변화			꽃							열매		
번식			접목			삽목		접목				
이식				이식						이식		
시비						복합비료					유기질비료	
전정					전정							
병충해					잿빛잎마름병							
						탄저병						

번식

실생번식, 삽목번식, 접목번식을 이용한다. 실생번식은 가을에 종자를 채취한 후 젖은 모래에 노천매장하였다가 다음 해 봄에 파종하며 차광을 해주고 건조하지 않게 관리한다. 삽목번식은 6~7월의 장마기에 당년에 새로 자란 가지 중 굳은 가지를 8cm 길이로 잘라 발근촉진제를 바른 후 4cm 깊이로 꽂는다. 삽목 후 차광하여 직사광선을 막아주고 건조하지 않게 관리한다. 접목번식은 대목으로 애기동백이나 야생 동백나무의 실생 3~4년생 묘를 사용하며 깎기접, 눈접한다. 접목 후에는 건조하지 않도록 관리한다.

전정

전정을 하지 않아도 정리된 수형으로 생육하나 전정을 하면 보다 아름다운 수형으로 만들 수 있다. 불필요한 가지 및 수관을 흩뜨리는 작은 가지는 제거한다. 전정의 적

전정사례
전정을 하지 않아도 되는 나무이다.
통풍을 위해 작은 가지만 제거하고
웃자란 가지를 조금 다듬어준다.

기는 개화가 끝난 시점이다. 전정은 새 가지가 자라고 난 8월 상순경까지 한다. 꽃눈 형성이 끝나는 9월 하순 이후에는 전정을 피하도록 한다. 원하는 크기로 자랄 때까지는 자연수형으로 유지하고, 적당한 크기로 생육하면 주간을 자르고 가지를 정비한다. 그 후 매년 전정한다.

이식

이식 적기는 꽃이 피기 시작하는 3~4월이나 휴면기로 들어가는 6~7월 또는 9~10월이며, 추운 지방에서는 봄에 식재하여 새 뿌리가 얼지 않게 한다. 작은 나무를 이식할 때에도 뿌리분을 크게 떠서 옮겨야 하며, 4~5년생 이상의 큰 나무는 반드시 뿌리돌림하여 옮겨야 한다.

시비

11~12월에 밑거름으로 유기질비료 또는 복합비료를 주고, 7월경에도 복합비료를 덧거름으로 준다.

병충해

주요 병해로는 잿빛잎마름병, 탄저병, 흰말병이 있으며, 충해로는 진딧물과 깍지벌레가 있다. 잿빛잎마름병은 잎의 벌레가 먹은 자리에서 회백색의 병반이 생기며, 병반 부위가 잘 부스러진다. 4~9월에 보르도액을 4~5번 살포한다. 탄저병은 잎에 회색의 대형 병반을 만들며, 열매와 어린 가지에도 발생한다. 통풍과 채광이 잘 되도록 관리하고 병든 잎과 열매는 소각한다. 6~9월에 만코제브수화제를 4~5회 살포한다. 진딧물은 잎을 흡즙 가해한다. 발생 시 델타린유제 1,000배액을 살포한다. 깍지벌레는 지상부에서 흡즙 가해한다. 겨울에 기계유유제를 줄기에 살포한다.

▲ 건물 앞에 액센트식재하여 입구감을 강조하고 시각적 초점으로 활용 ▲ 공동주택 전면에 토피어리를 열식하여 단정한 느낌 연출

▲ 공동주택 전면에 식재하여 차폐효과

▲ 건물 모서리에 식재

▲ 도로 모퉁이에 액센트식재하여 시각적 초점으로 활용

04. 동백나무

05 감탕나무과 감탕나무속 상록활엽교목
먼나무

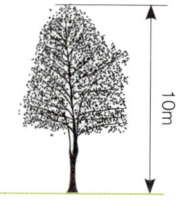

식재지역

- 학 명 : *Ilex rotunda* Thunb.
- 영 명 : Kurogane Holly
- 일본명 : クロガネモチ
- 중국명 : 鐵冬靑
- 기타명칭 : 철동청
- 원산지 : 한국, 중국, 일본, 대만
- 분 포 : 제주도, 전라남도, 보길도에 자생, 남부지방에 식재 가능

- 조경적용도 : 장식용, 방풍용, 방화용, 가로수, 공원수, 독립수
- 관상가치 : 겨울에 붉은 열매
- 내한성 : 약
- 내공해성 : 강
- 내음성 : 양지, 음지 모두 잘 자람
- 토양적응성 : 사질양토
- 이 식 : 어려움

▲ 수형: 원형 내지 원추형, 수고: 10m

▲ 잎: 타원형으로 어긋나며 길이는 4~10cm, 너비는 3~4cm이고 혁질이다. 가장자리는 밋밋하고 뒷면 맥은 돌출했다.

▲ 꽃: 자웅이주로 새 가지에 액생하는 취산화서로 5~6월에 개화한다. 암꽃의 꽃잎은 도란상 원형으로 길이는 2mm이고, 수꽃의 꽃잎은 긴 원형이다.

▲ 줄기: 회백색으로 가지는 암갈색이다.

▲ 열매: 핵과는 5~8mm로 둥근 모양이며 9~10월에 붉은색으로 성숙하여 겨울 동안에도 달려 있다.

연간관리표

구분	1	2	3	4	5	6	7	8	9	10	11	12
수목변화					꽃				열매			
번식						삽목번식			실생			
이식						이식				이식		
시비											시비	
전정	전정											
병충해					타르점무늬병							
				잎말이나방								

번식

실생과 삽목번식을 한다. 실생번식은 가을에 잘 익은 열매를 채취하여 과육을 깨끗이 제거한 후 파종한다. 종자는 장기 휴면형이므로 2년째 봄에 발아한다. 삽목번식은 6~7월경 새로 자란 가지를 10~12cm 길이로 잘라 밑쪽 잎을 따버리고 토양에 꽂는다.

전정

가을부터 겨울까지 되도록 전정을 피해야 한다. 특별히 손을 보지 않고 도장지나 강하게 자라는 가지만을 전정해주어도 착과가 잘 된다.

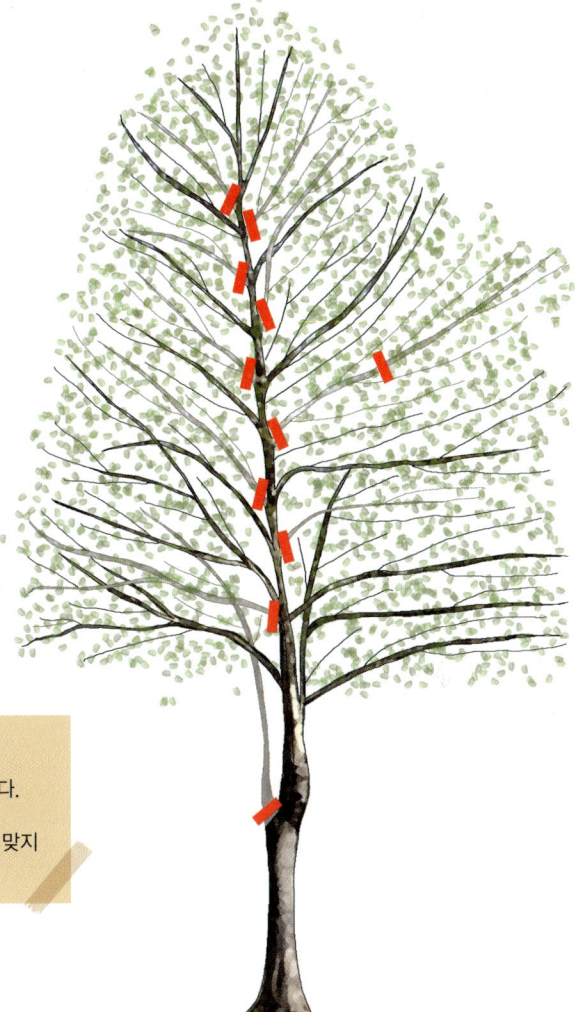

전정사례
우측은 햇빛을 많이 받는 방향이다. 주간을 감고 뒤로 자란 가지를 제거한다. 목대와 주간의 균형이 맞지 않고 가지가 너무 많다.

이식

이식 시기는 신초가 굳어진 6월 전후와 9~10월이 적기이다. 이식은 약한 편인데, 이식하고 나면 낙엽이 지고 이듬해에 새싹이 나온다. 재생력이 강하므로 가지를 어느 정도 잘라서 옮기더라도 지장이 없다. 작은 나무는 분을 뜨고, 큰 나무는 뿌리돌림을 한 다음에 옮겨 심는 것이 안전하다.

시비

어린 나무는 질소비료를 중심으로 주고, 충분히 자라면 질소비료는 줄여주고 인산, 칼리를 중심으로 11~12월에 시비한다. 질소비료를 과도하게 시비하면 지엽만 신장하고 꽃눈이나 과실이 생기지 않으므로 주의한다.

병충해

주요 병해는 타르점무늬병, 흑두병이 있고 충해는 잎말이나방, 깍지벌레가 발생한다. 타르점무늬병은 잎에 검고 광택이 있는 반점이 생긴다. 잎을 모아서 불태우고 5~6월에 만코제브수화제 600배액을 2주 간격으로 살포한다. 잎말이나방은 애벌레가 잎을 갉아먹는데, 4~5월에 메치온유제를 살포한다.

이용사례

▲ 열식하여 가로수로 이용

▲ 공동주택 산책로에 식재

▲ 공동주택 보행공간에 가로수로 이용

▲ 도로변 가로수로 이용

▲ 가로수로 이용

▲ 공동주택 주동 측면공간에 식재

제2장 | 수종별 유지관리 - 상록교목

05. 먼나무 **263**

06 측백나무과 측백나무속 상록침엽교목
서양측백

식재지역

- **학 명** : *Thuja orientalis* L.
- **영 명** : Northern White-cedar
- **일본명** : ニオイヒバ
- **중국명** : 側柏
- **기타명칭** : 서양찝빵나무, 미국측백
- **원산지** : 미국
- **분 포** : 전국 식재 가능
- **조경적용도** : 생울타리, 차폐용, 군식
- **관상가치** : 지엽이 치밀하고 원추형의 수형이 아름다움
- **내한성** : 강
- **내공해성** : 강
- **내음성** : 양수
- **토양적응성** : 사질양토
- **내염성** : 중
- **이 식** : 용이

▲ 수형: 원추형, 수고: 20m

▲ 잎: 상록성이고 바늘 모양의 난형으로 길이는 3mm이다. 끝이 뾰족하고 표면은 연녹색이며, 뒷면은 황록색으로 향기가 강하다.

▲ 꽃: 암수한그루로 4~5월에 개화한다. 암꽃은 난형이며, 수꽃은 구형이다.

▲ 줄기: 적갈색이며, 세로로 얕게 벗겨진다.

▲ 열매: 구과는 난형 또는 긴타원형으로 길이 8~12mm이다. 종자는 긴 타원형으로 길이 3mm로서 갈색이며 양쪽에 좁은 날개가 있다.

연간관리표

구분	1	2	3	4	5	6	7	8	9	10	11	12
수목변화				꽃						열매		
번식			실생	삽목								
이식				이식					이식			
시비			유기질 비료	복합비료							유기질 비료	
전정						전정			전정			
병충해			향나무하늘소	검은돌기잎마름병								

번식

실생번식과 삽목번식이 있지만 일반적으로 실생번식을 한다. 실생번식은 가을에 채종 후, 기건저장하였다가 이듬해 봄에 파종한다. 종자는 수명이 1년 정도이다. 파종상에 파종 후 짚을 덮어 관수한다. 약 2주 후 발아하면 시비하고 여름에는 차광막을 설치한다. 이듬해 봄에 10cm 간격으로 넓혀준다. 삽목번식은 4~5월이 적기이다. 지난해 자란 가지 중 잘 굳은 것을 10~15cm 길이로 잘라 물에 담가 물올림한 후 밑부분의 1/3은 잎을 따고 꽂는다. 삽수를 꽂은 후 충분히 관수하고 차광하여 관리하면 2개월 후 뿌리가 내린다. 활착 후 그대로 비배관리하고 이듬해 봄에 넓혀 심는다. 삽목의 활착률은 80% 정도이다.

전정사례
수형은 차폐형, 독립수 등 용도에 맞게 정하고, 밀생지, 교차지, 고사지 등을 정리하여 통풍이 잘되게 한다.

전정

전정은 적게 하고, 자연수형으로 키운다. 음지에서도 수형을 유지하지만, 강한 음지에서는 아랫가지가 고사하는 경우가 있다. 6월 하순경에 한 번 전정하고, 9월경에 선단에 튀어나온 가지를 잘라낸다.

이식

이식은 3~4월이 적기이고, 5~6월 장마기에도 이식이 가능하다. 이식 후에 건조로 고사하는 경우가 있으므로 활착할 때까지 적습지가 아니면 계속 관수하거나 뿌리목에 짚을 깔아서 수습을 갖도록 관리하는 일이 중요하다. 성목은 이식이 곤란하므로 뿌리분 만들기에 주의한다. 1년 전부터 뿌리돌림을 해두는 것이 좋다. 심기 전에 수형이 흐트러지지 않게 손질을 하여 지엽을 감소시키는 것도 활착 촉진에 효과적이다.

시비

유기질비료를 11월경이나 3월에 수관선 아래 구덩이를 파고 시비하고, 덧거름으로 조경용 고형복합비료를 수목생장기인 4월 하순~6월 하순에 준다.

병충해

주요 병해는 검은돌기잎마름병, 충해는 향나무하늘소가 발생한다. 검은돌기잎마름병은 나무가 지나치게 밀식되어 통풍과 채광이 불량하면 발생한다. 5~7월에 밑가지의 안쪽에 있는 잎이 적갈색으로 변하면서 말라 죽고 바깥쪽과 위쪽으로 퍼진다. 향나무하늘소는 애벌레가 수피 밑의 형성층을 갉아먹어 나무가 말라 죽는다. 배설물을 외부로 배출하지 않아 발견하기 어렵다. 수분과 영양분 이동을 차단하여, 상층부가 고사된다. 페니트로티온유제와 다이아지논유제 혼합액을 200~500배 희석하여 3~4월에 7~10일 간격으로 3~5회 살포한다.

이용사례

▲ 열식하여 공간 분리 및 차폐효과

▲ 액센트식재하여 입구감 강조 및 시각적 초점으로 활용

▲ 열식하여 차폐효과

▲ 건물 전면에 열식하여 차폐효과

▲ 군식하여 공간 분리 및 차폐효과

06. 서양측백

07 소나무과 소나무속 상록침엽교목
섬잣나무

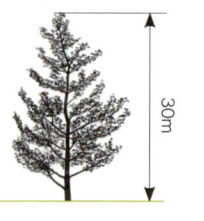

식재지역

- 학 명 : *Pinus parviflora* siebold & zucc.
- 영 명 : Japanese white pine
- 일본명 : ゴヨウマツ
- 중국명 : 姬小松
- 기타명칭 : 오엽송, 오침송
- 원산지 : 한국, 일본
- 분 포 : 울릉도에 자생, 전국 식재 가능
- 조경적용도 : 차폐용, 방풍용, 생울타리, 군식
- 관상가치 : 푸르름 제공
- 내한성 : 강
- 내공해성 : 강
- 내음성 : 음
- 토양적응성 : 적윤지
- 내염성 : 중
- 이 식 : 용이

▲ 수형: 원추형 및 자연형, 수고: 30m

▲ 잎: 상록성으로 선형이며 5개씩 속생하며 길이 3.5~6cm, 나비 1~1.2mm이고, 뒷면에 4줄의 백색기공조선이 있다.

▲ 꽃: 암수한그루이며, 4~5월에 개화한다. 수꽃차례는 긴 타원형이고 길이는 8mm, 새 가지 기부에 20개까지 달리며 암꽃차례는 타원형으로 길이는 10~12mm, 1~6개씩 달린다.

07. 섬잣나무

▲ 줄기: 어린 나무의 수피는 매끈하고 갈색이며 성목이 되면 색깔이 더욱 진해지고 비늘 모양의 껍질이 생긴다.

▲ 열매: 열매는 원통형으로 길이 4~7cm, 지름 4~5cm이며 황갈색으로 9월에 익는다. 종자는 난원형으로 뒷면은 흑갈색이며, 얇은 막으로 덮혀 있다.

연간관리표

구분	1	2	3	4	5	6	7	8	9	10	11	12
수목변화				꽃					열매			
번식			실생·접목									
이식			이식									
시비			유기질비료		고형복합비료					유기질비료		
전정		전정			순지르기					전정		
병충해						솜벌레		잎떨림병				

번식

실생번식과 접목번식을 이용한다. 실생번식은 가을에 채종 후 노천매장하였다가 봄에 파종한다. 접목번식은 3~4월이 적기이며 대목은 적송이나 곰솔의 2~3년생 실생묘를 이용한다. 접수의 길이는 7~10cm가 좋으며 밑쪽 3~4cm까지는 잎을 따내고 이 부분을 깎아서 접붙인다. 접목 후 밭에 정식하고 차광하여 서늘하게 한다.

전정

전정 시기는 10월 중순~11월 상순 또는 2월 중순이 적합하다. 고사지, 밀생한 가지, 불필요한 가지 등을 정리한다. 끝부분의 가지가 2개 정도로 배치될 수 있도록 솎아준다. 매년 봄 가지가 지나치게 자라는 것을 억제하는 순지르기를 해준다. 순지르기는 4~5월경 여러 개의 새순 중 2개만 남기고 밑부분에서 따주는 방법이다. 남긴 순은 1/2~1/5를 남기고 잘라준다. 큰 가지는 밑부분은 크고 위쪽으로 갈수록 작은

전정사례
전체 수형이 단정하도록 신초지를 잘라준다. 밀생지, 교차지 등을 제거한다.

가지가 되도록 만들면 수세가 안정된다.

이식

2월 하순~4월이 이식 적기이다. 작은 나무는 이식하기 쉬우나 큰 나무는 이식하기 어렵다.

시비

토양이 척박하면 밑거름으로 유기질비료를 11월경이나 3월에 수관선 아래 구덩이를 판 후 시비하고, 덧거름으로 조경용 고형복합비료를 수목생장기인 4월 하순~6월 하순에 준다. 질소성분이 많은 비료를 주면 수목의 절간이 길어져 수형이 불량해지므로 주의한다.

07. 섬잣나무 **273**

🐛 병충해

주요 병해는 잎떨림병, 잎마름병 등이 있고, 충해는 솜벌레, 응애류, 솔나방, 알락명나방 등이 발생한다. 잎떨림병은 4월 중순경부터 묵은 잎이 적갈색으로 변하면서 떨어지기 시작해서 5월 하순까지 계속되고 6~7월에 검은 병반이 나타난다. 7~9월 베노밀수화제를 4~5번 살포한다. 나무가 쇠약할 때 잘 발생하므로 평소에 비료 주기, 제초, 전정 등을 잘 관리한다. 솜벌레는 수피에 기생하며 흰색의 솜 같은 분비물을 부착하여 수액을 빨아먹으며 나뭇가지 전체가 하얗게 보인다. 전정을 하여 바람이 잘 통하게 하면 발생율이 낮아진다. 5~6월에 메프제를 10일 간격으로 2~3회 살포한다.

이용사례

▲ 건물 전면 도로에 열식하여 축을 형성하고 웅대한 느낌 강조

▲ 녹지에 군식

▲ 건물 전면에 열식하여 정형미 강조

▲ 분리녹지에 열식

▲ 잔디밭에 식재하여 시각적 초점으로 활용

▲ 공동주택 전면 출입구에 식재하여 입구의 식별성 강조

08 소나무과 소나무속 상록침엽교목
소나무

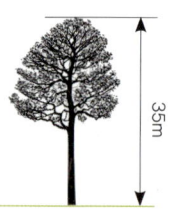

식재지역

- **학 명** : *Pinus densiflora* Siebold & Zucc.
- **영 명** : Japanese Red Pine
- **일본명** : アカマツ
- **중국명** : 陸松
- **기타명칭** : 솔, 적송, 육송
- **원산지** : 한국 · 일본 · 중국
- **분 포** : 한반도 북부 아고산지대를 제외한 전국에 자생, 전국 식재 가능
- **조경적용도** : 장식용, 독립수, 군식
- **관상가치** : 자연스러운 수형
- **내한성** : 강
- **내공해성** : 약
- **내음성** : 양
- **토양적응성** : 사질양토, 점토
- **내염성** : 약
- **이 식** : 보통

▲ 수형: 직간형, 원정형, 수고: 35m

암꽃

수꽃

▲ 잎: 상록성의 침형으로 2개씩 모여나고, 길이는 8~9cm, 너비는 1.5mm이며, 2년 간 가지에 달려 있다.

▲ 꽃: 암수한그루, 5월에 개화한다. 암꽃은 새로운 가지 끝에 달리고 난형으로 길이는 6mm이며, 수꽃은 새로운 가지 밑부분에 달리고 타원형으로 길이는 1cm이다.

08. 소나무 277

▲ 줄기: 윗부분이 적갈색 또는 흑갈색이며 밑부분으로 갈수록 검고, 동아는 적갈색이며, 심재도 적갈색이다.

▲ 열매: 구과이며 난형으로 크기는 45×30mm이며 황갈색이다. 씨앗바늘이 약 70~100개 있으며, 종자는 타원형이고 날개가 있다. 흑갈색으로 크기는 약 3×5~6mm이다. 다음 해 9월에 성숙한다.

연간관리표

구분	1	2	3	4	5	6	7	8	9	10	11	12
수목변화					꽃				열매			
번식			실생									
			접목									
이식			이식						이식			
시비		유기질비료		고형복합비료						유기질비료		
전정		전정		순지르기							전정	
병충해		소나무재선충병										
			소나무좀									

번식

소나무나 곰솔은 형질이 크게 변하지 않으므로 실생번식을 주로 한다. 실생번식은 9~10월에 종자를 채종하여 기건저장 후 이듬해 3~4월에 파종한다. 접목번식은 할접을 주로 하며 3월 하순경 실시한다. 대목은 곰솔 2년생 묘목을 이용하고, 접수는 신초부 줄기를 이용한다. 삽목과 취목번식은 발근율이 낮고 실용적이지 못하다.

전정

전정 시기는 10월 중순~11월 상순 또는 2월 중순이 적합하다. 고사지, 밀생한 가지, 불필요한 가지 등을 정리한다. 끝부분의 가지가 2개 정도로 배치될 수 있도록 솎아준다. 매년 봄 가지가 지나치게 자라는 것을 억제하는 순지르기를 해준다. 순지르기는 4~5월경 여러 개의 새순 중 1~2개만 남기고 밑부분에서 따주는 것을 말한다. 남은 새순은 충분히 자란 5월 중순경에 1/3~1/2 정도 남기고 손으로 꺾어준다. 전

전정사례
수관이 너무 조밀하다. 적당한 가지 제거는 통풍을 원활하게 하고 병충해 및 폭설에도 잘 견딜 수 있게 한다.

정 원칙은 정부우세성을 고려하여 윗가지는 강하게 하고 아랫가지는 약하게 전정한다. 원하는 각도와 분포를 균일하게 한다. 곰솔은 유목일 때부터 가지를 선별해 운상이 되지 않도록 관리한다.

이식

이식은 3~4월 중순 또는 9~10월이 적기이다. 토지에서 재배한 것은 이식이 쉬우나 산에서 자생하는 것은 뿌리돌림 후 이식한다. 이식할 때에는 수분증산의 균형 유지를 위해 불필요한 가지를 전정한다. 토질은 사질양토가 좋다.

시비

식재할 때 유기질비료를 밑거름으로 준다. 소나무과 식물은 스스로 균근균을 형성하여 뿌리 주위의 영양분을 흡수한다. 그러나 토양이 척박한 경우에는 유기질비료를 11월경이나 3월에 시비하고, 덧거름으로 조경용 고형복합비료를 수목생장기인 4월 하순~6월 하순에 준다. 토양 중에 질소성분이 많으면 마디가 길어지고 도장한다.

병충해

주요 병해는 소나무재선충병, 소나무잎마름병, 소나무가지끝마름병, 소나무갈색무늬병 등이 있으며, 충해는 소나무좀, 깍지벌레 등이 발생한다. 소나무재선충병에 감염된 수목은 잎이 적갈색으로 변하여 말라 죽는다. 감염된 수목은 외부 반출을 금지하고 선충 및 솔수염하늘소 방제약을 수간에 주입한다. 소나무좀은 이식 등으로 수세가 쇠약하면 발생한다. 성충이 줄기를 뚫고 들어간다. 3월 하순~4월 중순에 페니트로티온유제를 2~3회 살포한다.

이용사례

◀ 공동주택 입구에 액센트 식재하여 입구 강조

▲ 군식하여 경관효과

▲ 전통 정원의 담장에 곰솔을 열식

▲ 광장에 둥근 소나무를 식재하여 균일한 정형미 강조

09 스트로브잣나무

소나무과 소나무속 상록침엽교목

식재지역

- 학 명 : *Pinus strobus* L.
- 영 명 : White pine
- 일본명 : ストロブマツ
- 중국명 : 美國五葉松
- 기타명칭 : 미국백송
- 원산지 : 북아메리카
- 분 포 : 전국 식재 가능
- 조경적용도 : 차폐용, 방풍용, 생울타리, 군식
- 관상가치 : 푸르름 제공
- 내한성 : 강
- 내공해성 : 강
- 내음성 : 음
- 토양적응성 : 적윤지
- 내염성 : 중
- 이 식 : 용이

▲ 수형: 원추형, 수고: 15~30m

▲ 잎: 상록성 선형으로 5개씩 모여나고, 길이는 6~14cm로 회녹색을 띤다.

▲ 꽃: 암수한그루로 암꽃은 타원형으로 핑크색이고, 수꽃은 난형이며 황갈색으로 5월에 개화한다.

▲ 줄기: 회녹색으로 밋밋하고 수령이 오래되면 밑이 갈라진다.

▲ 열매는 구과로 긴 원통형이다. 크기는 8~20×2.5cm로 밑으로 처지고 흔히 구부러져 있다. 종자는 타원형 또는 난형으로 크기는 5~7×3~5mm이다. 자갈색으로 흑색점이 있고, 날개 길이는 13~18mm이다. 다음 해 9월에 성숙한다.

30초 연간관리표

구분	1	2	3	4	5	6	7	8	9	10	11	12
수목변화					꽃				열매			
번식			실생									
이식			이식									
시비			유기질비료		고형복합비료						유기질비료	
전정			전정								전정	
병충해					솔벌레		소나무잎떨림병					

번식

실생번식, 삽목번식, 접목번식을 이용한다. 실생번식은 가을에 채종한 종자를 3~7일간 건조시킨 후 정선하여 노천매장한다. 이듬해 3~4월에 파종한다. 삽목번식은 가능하나 발근율이 낮다. 접목번식은 분재 기르기에 이용한다.

전정

자연수형으로 기르는 것도 가능하나, 전정에 강한 나무로 원하는 수형을 만들 수 있다. 수형이 유목일 때는 원추형이고 성목이 되면 자연형으로 변한다. 독립수, 생울타리용, 차폐용, 방풍용, 군식용 등 다양한 용도로 사용된다. 공원수나 가로수로 적당하며, 특히 넓은 공간의 배경 및 녹음수로 알맞다.

전정사례
밀생지, 교차지, 위로 솟은 가지 등을 제거한다.

이식

이식 적기는 3~4월이나 9~10월이며 이식은 쉬운 편이다. 이식하기 전 불필요한 가지를 전정하여 증산 균형을 유지시켜준다.

시비

식재할 때 유기질비료를 밑거름으로 준다. 소나무과 식물은 스스로 균근균을 형성하여 뿌리 주위의 영양분을 흡수한다. 그러나 토양이 척박한 경우에는 유기질비료를 11월경이나 3월에 시비하고, 덧거름으로 조경용 고형복합비료를 수목생장기인 4월 하순~6월 하순에 준다. 토양 중에 질소성분이 많으면 마디가 길어지고 도장한다.

병충해

주요 병해는 소나무잎떨림병, 소나무잎마름병, 소나무잎녹병, 잣나무털녹병이 있고, 충해는 솜벌레, 소나무좀, 솔나방, 깍지벌레 등이 있다. 소나무잎떨림병은 5월 중순경 잎이 누렇게 되면서 조금씩 떨어지기 시작하다가 5월 하순~6월 초순에 잎 전체가 황갈색이 되면서 심하게 낙엽이 진다. 병든 잎이 모두 떨어지면 모아서 곧바로 태운다. 평소에 비배관리를 잘하여 수세를 증진시키고 배수가 잘 되도록 관리한다. 7~9월에 만코제브수화제, 클로로탈로닐 액상수화제, 동수화제 등을 2주 간격으로 3~4번 뿌린다. 솜벌레는 수피에 기생하며 흰색의 솜 같은 분비물을 부착하여 수액을 빨아먹어 나뭇가지 전체가 하얗게 보인다. 전정을 하여 바람이 잘 통하게 하면 발생율이 낮아진다. 5~6월에 메프제를 10일 간격으로 2~3회 살포한다.

이용사례

▲ 잔디밭 둘레에 군식하여 휴식공간 조성

▲ 공동주택 담장을 따라 스트로브잣나무와 서양측백을 교대로 열식하여 외부환경 차폐

▲ 공동주택 담장을 따라 열식하여 외부환경 차폐

열식하여 공간분리 및 차폐 ▶
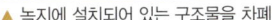

▲ 녹지에 설치되어 있는 구조물을 차폐

▲ 군식하여 녹음 조성

⑩ 아왜나무
인동과 가막살나무속 상록활엽교목

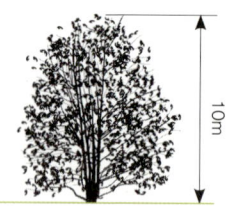

식재지역

- **학 명** : *Viburnum awabuki* K. koch.
- **영 명** : Japanese viburnum
- **일본명** : サンゴジュ
- **중국명** : 法國冬靑
- **원산지** : 한국, 일본
- **분 포** : 남부지방에서 자생, 남부지방에 식재 가능
- **조경적용도** : 장식용, 생울타리, 방풍용, 방화용, 가로수, 공원수, 독립수, 군식
- **관상가치** : 광택의 잎, 봄에 흰색 꽃, 가을에 붉은 열매
- **내한성** : 약
- **내공해성** : 강
- **내음성** : 음
- **토양적응성** : 사질양토, 점토
- **내염성** : 강
- **이 식** : 용이

▲ 수형: 도란형 또는 난형, 수고: 10m 내외

▲ 잎: 대생으로 타원형 또는 도피침형이며 길이는 6~20cm, 너비는 4~8cm이다. 표면은 광택이 나고 털이 없으며, 뒷면은 연한 녹색으로 털이 있다. 가장자리에 톱니가 없거나 파상의 톱니가 있다.

▲ 꽃: 원추화서로 2쌍의 잎이 있는 어린 가지 끝에 달리며 6월에 개화한다. 길이는 6~13cm로 화관은 백색 또는 연한 홍색이다.

▲ 줄기: 흑갈색으로 거칠고 굵다. 어린 가지는 털이 없고 붉은 빛을 띤다.

▲ 열매: 핵과는 난상 타원형으로 길이는 7~9mm이다. 적색으로 8~9월에 성숙한다.

연간관리표

구분	1	2	3	4	5	6	7	8	9	10	11	12
수목변화						꽃		열매				
번식			실생			삽목						
이식			이식				이식					
시비			유기질 비료	복합비료							유기질 비료	
전정			전정									
병충해					그을음병		잎벌레					

🌱 번식

실생번식과 삽목번식을 이용하나 삽목번식이 더 쉽게 증식할 수 있다. 실생번식은 가을에 채종 즉시 파종하거나 젖은 모래에 노천매장하였다가 봄에 파종한다. 삽목번식은 6~7월에 새로 자란 가지를 꽂는다. 첫해는 동해를 입기 쉬우므로 비닐을 씌워 보온하고 이듬해 봄에 밭에 옮겨 심는다.

전정

도장지와 내부에 있는 혼잡한 가지 등을 솎아낸다. 전정을 자주 하면 열매가 적게 열리므로 2~3년에 한 번 전정한다.

전정사례
주간 주위에 밀생한 곁가지, 맹아지 등을 제거한다.

이식

이식 시기는 3~5월이 적기이며 7~9월에도 이식이 가능하다. 아왜나무는 이식의 피해를 많이 받기 때문에 큰 나무는 반드시 뿌리돌림을 하고 강전정을 한 다음 이식한다. 작은 나무는 분을 잘 떠서 옮기면 쉽게 활착한다.

시비

밑거름은 유기질비료를 11월경이나 3월에 수관선 아래 구덩이를 파고 시비하고, 덧거름은 수목생장기인 4월 하순~6월 하순에 준다.

🐛 병충해

주요 병해는 그을음병이 있고 충해로는 아왜나무잎벌레, 매미나방, 목화명나방이 있다. 그을음병은 잎 표면이 검게 변한다. 병원균은 깍지벌레의 배설물에 기생한다. 가지솎기를 해서 통풍이 잘되게 해주면 예방할 수 있다. 아왜나무잎벌레는 새 잎을 가해한다. 발생하면 아세페이트수화제 1,000배액을 살포한다.

이용사례

▲ 공동주택 출입부에 군식하여 입구 강조 및 시각적 초점으로 활용   ▲ 군식하여 녹음효과

▲ 공동주택 전면부에 식재하여 차폐효과 및 시각적 초점으로 활용

▲ 공동주택 출입부에 군식하여 입구 강조 및 시각적 초점으로 활용
▲ 공동주택 전면에 군식하여 차폐효과

10. 아왜나무 **293**

⑪ 소나무과 전나무속 상록침엽교목
전나무

식재지역

- 학 명 : *Abies holophylla* Maxim.
- 영 명 : Needle Fir, Manchurian Fir
- 일본명 : チョウセンモミ
- 중국명 : 檜
- 기타명칭 : 젓나무, 삼송
- 원산지 : 한국, 중국
- 분 포 : 고산지대에 자생, 전국 식재 가능
- 조경적용도 : 장식용, 독립수, 군식
- 관상가치 : 원추형의 정형적인 수형이 아름답고 품위가 있음
- 내한성 : 강
- 내공해성 : 약
- 내음성 : 음
- 토양적응성 : 사질양토
- 내염성 : 약
- 이 식 : 보통

▲ 수형: 원추형, 수고: 40m

▲ 잎: 상록성의 선형으로 크기는 2mm×4cm이다. 뒷면 양쪽에 백색의 기공조선 7~8줄이 나타난다.

▲ 꽃: 암수한그루로 꽃은 황록색이며, 4월에 개화한다.

11. 전나무 **295**

열매는 구과로 원통형이다. 크기는 12mm×10~12cm이다. 10월 상순에 성숙한다.

▲ 줄기: 잿빛이 도는 흑갈색이다.

연간관리표

구분	1	2	3	4	5	6	7	8	9	10	11	12
수목변화				꽃						열매		
번식			실생	삽목								
이식				이식						이식		
시비			유기질 비료		복합 비료					유기질 비료		
전정			전정								전정	
병충해				그을음병								

🌱 번식

실생번식과 삽목번식을 주로 한다. 실생번식은 가을에 구과를 채취하여 건조시켜 채종한 후, 노천매장하였다가 봄에 파종한다. 입고병 피해가 심하므로 토양을 소독하고 파종상에 차광을 한다. 삽목번식은 4월에 새로 자란 가지를 10~15cm 길이로 잘라서 발근촉진제를 처리하여 꽂는다. 삽목의 발근율은 낮은 편이다.

✂️ 전정

전정을 하지 않고 방치해도 원추형의 수형이 흐트러지지 않으므로 전정은 나무 안쪽에 마른 가지와 죽은 가지를 솎아내는 정도로 한다. 맹아력이 약하므로 강전정은 피하도록 한다.

전정사례
전나무 가지는 바퀴살 가지로 자란다. 상향가지, 아래로 처진 가지, 죽은 가지는 모두 제거한다.

이식

이식 적기는 3~5월, 10~11월이며, 큰 나무는 이식하기 어렵다.

시비

유기질이 풍부한 비옥한 토양을 좋아한다. 밑거름으로 유기질비료를 11월경이나 3월에 수관선 아래 구덩이를 파고 시비하고, 덧거름으로 조경용 고형복합비료를 수목 생장기인 4월 하순~6월 하순에 준다.

병충해

주요 병해는 그을음병, 모잘록병, 리지나뿌리썩음병이 있고 충해는 솔수염하늘소, 왕소나무좀, 왕바구미 등이 발생한다. 그을음병은 잎에 진딧물이나 깍지벌레의 배설물이 떨어지면 곰팡이가 기생하여 그을음 병반을 형성하고 지저분해진다. 진딧물 방제는 포스파미돈 액제를 살포하고 깍지벌레는 메티다티온유제를 살포한다. 리지나뿌리썩음병은 강산성지역에서 발생하고 나무 전체가 갈색으로 변하여 고사한다. 피해목 주변에는 버섯 모양의 자실체가 발생한다. 토양에 석회를 처리하고, 베노밀 수화제를 살포하여 방제한다.

▲ 군식하여 차폐효과

▲ 어린이 놀이터 녹지에 군식하여 차폐 및 완충효과

▲ 담장 전면에 군식하여 차폐효과

▲ 녹지에 식재하여 녹음 조성

12 주목과 주목속 상록침엽교목
주목

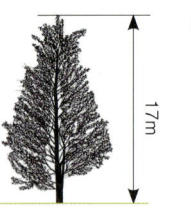

식재지역

- **학 명** : *Taxus cuspidata* Siebold&zucc.
- **영 명** : Japanese yew
- **일본명** : イチイ
- **중국명** : 朱木
- **기타명칭** : 노가리나무, 적목
- **원산지** : 한국, 중국, 일본
- **분 포** : 전국의 해발 700~2,500m 사이 자생, 전국 식재 가능
- **조경적용도** : 장식용, 생울타리, 차폐용, 독립수, 토피어리
- **관상가치** : 단정한 수형, 선명한 녹색의 잎, 가을 붉은 열매
- **내한성** : 강
- **내공해성** : 중
- **내음성** : 음
- **토양적응성** : 사질양토
- **내염성** : 강
- **이 식** : 보통

▲ 수형: 원추형, 수고: 17m

▲ 잎: 상록성의 선형으로 길이 1.5~2.5cm, 너비 2~3mm이며, 끝이 뾰족하다. 표면은 짙은 녹색이고, 뒷면은 두 줄의 연녹색의 기공조선이 있다. 주맥은 양쪽으로 튀어 나왔으며 잎은 2~3년 간 가지에 달려 있다.

▲ 꽃: 암수딴그루로 4월에 개화한다. 수꽃은 구형으로 담황색이며, 암꽃은 난형으로 녹색이다.

▲ 줄기: 적갈색이며, 얕게 세로로 갈라진다.

▲ 열매: 핵과로 원형의 컵 모양이며, 붉은 종의 안에 종자가 들어 있다. 8~9월에 성숙하며, 종자는 난원형으로 갈색이다.

연간관리표

구분	1	2	3	4	5	6	7	8	9	10	11	12
수목변화				꽃				열매				
번식			실생	삽목								
이식			이식							이식		
시비			유기질 비료						화학비료		유기질 비료	
전정						전정			전정			
병충해				그을음병								

🌱 번식

선주목은 실생번식을 주로 하고 둥근형 주목은 삽목번식을 한다. 실생번식은 가을에 열매를 채취하여 과육을 제거한 후 종자를 2년간 노천매장하였다가 이듬해 봄에 파종한다. 삽목번식은 4~5월이 적기다. 삽수는 지난해에 자란 가지를 12~15cm 길이로 잘라 물에 담근 후 아래 잎을 1/3쯤 따고 발근제 처리 후 삽목한다. 삽목상은 발근할 때까지 시일이 오래 걸리므로 차광하여 건조하지 않도록 관수에 주의한다. 겨울에는 비닐 터널을 씌워주고 보온재를 덮어 보호한다. 다음 해 봄에 시비하기 시작하며 삽목한 3년째 봄에 15cm 간격으로 넓혀 심는다.

✂ 전정

전정에 강해 다양한 형태로 만드는 것이 가능하나, 가볍게 전정하는 것이 좋다. 시기는 새 가지가 다소 단단해진 6월과 9월이 적기다. 한 번에 깊게 잘라버리면 수세가

전정사례
전체 수형이 단정하도록 외관을 다듬는다.
곁가지가 굵어지면 수형이 흐트러질 수 있다.

쇠약해지므로 주의한다. 원하는 수고와 폭이 될 때까지는 너무 긴 가지는 잘라서 전체적인 형태에 맞추어준다. 주목은 크게 자라므로 주의한다. 크기를 유지하기 위해서는 수관에서 튀어나온 가지만 잘라주면 된다. 도장지는 가지 밑동에서 자른다. 자연수형은 수년에 1회 불필요한 가지를 전정하고, 정원에 식재한 경우는 연 1회 전정한다. 바른 줄기에서 사방에 가지를 고르게 배치하여 원추형으로 키운다. 수형을 정비하는 데 수년이 걸리지만 한번 만들고 나면 유지하는 것은 비교적 쉽다.

이식

이식 적기는 2~5월, 9월 말~10월이며, 작은 나무는 이식이 쉬우나 큰 나무는 어려우므로 뿌리돌림 후 이식한다. 배수가 잘 되지 않는 곳에서는 생육이 불량하다.

시비

밑거름으로 유기질비료를 11월경이나 3월에 수관선 아래 구덩이를 파고 시비한다. 9~10월에 질소분이 적은 화학비료를 조금 시비하면 잎의 광택이 좋아진다.

병충해

병해는 그을음병, 흑색고약병 등이 있고, 충해는 응애, 깍지벌레 등이 발생한다. 그을음병은 잎과 가지에 진딧물이나 깍지벌레의 배설물이 떨어지면 곰팡이가 기생하여 부정형의 그을음 병반을 형성하고 지저분해진다. 가지솎기를 하고 질소질 비료를 줄인다. 진딧물 방제는 포스파미돈 액제를 살포하고 깍지벌레는 메타다티온유제를 살포한다. 응애는 피해를 입은 잎이 초기에 회백색으로 퇴색되고 피해가 진전됨에 따라 갈색으로 변하며 떨어진다. 살비제를 7~10일 간격으로 잎과 가지에 2~3회 살포하여 방제한다.

이용사례

▲ 열식하여 동선 유도 및 경관 향상

▲ 액센트식재하여 시각적 초점으로 활용

▲▶ 군식하여 생울타리로 활용

▲ 열식하여 장식효과

▲ 조형미 강조 및 시각적 초점으로 활용

제2장 수종별 유지관리 - 상록교목

12. 주목

⑬ 목련과 목련속 상록활엽교목
태산목

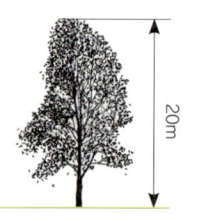

식재지역

- **학 명** : *Magnolia grandiflora* L.
- **영 명** : Bull Bay, Southern Magnolia
- **일본명** : タイサンボク
- **중국명** : 泰山木
- **기타명칭** : 양옥란, 양목란, 큰목련꽃
- **원산지** : 북아메리카
- **분 포** : 남부지방에 식재 가능
- **조경적용도** : 장식용, 녹음용, 가로수, 공원수, 독립수
- **관상가치** : 광택의 잎, 웅장한 수형, 흰색 꽃, 향기
- **내한성** : 중
- **내공해성** : 중
- **내음성** : 중
- **토양적응성** : 사질양토
- **내염성** : 강
- **이 식** : 곤란

▲ 수형: 원정형, 수고: 20m

▲ 잎: 호생하며 긴 타원형 또는 도란형으로 길이 12~23cm, 너비 5~10cm이다. 광택이 있고 뒷면은 갈색 털이 밀생하며, 측맥은 8~9쌍이고 잎자루는 길이 1.5~4cm이다.

▲ 꽃: 가지 끝에 5~6월에 개화하며, 지름 12~15cm이다. 향기가 강하나 개화기간이 1~2일이다.

▲ 줄기: 암갈색으로 직립한다. 수관은 넓게 퍼지며, 털이 있다.

▲ 열매: 긴 원형 또는 난형으로 길이 7~9cm로 9~10월에 성숙한다. 익으면 벌어지면서 적색의 종자가 나온다.

연간관리표

구분	1	2	3	4	5	6	7	8	9	10	11	12
수목변화					꽃	꽃			열매	열매		
번식			실생	실생		삽목	삽목					
이식			이식	이식								
시비							복합비료				유기질비료	
전정			전정								전정	
병충해						깍지벌레						

번식

실생번식, 삽목번식, 접목번식을 사용하며 실생번식은 생장이 느리고 삽목묘는 발근율이 낮아 대개 접목번식을 이용한다. 실생번식은 가을에 성숙한 종자를 채취하여 과육을 제거한 후 바로 파종하거나 노천매장하였다가 이듬해 봄에 파종한다. 삽목번식은 6~7월에 새로 자란 가지를 15cm 길이로 잘라 삽수로 사용한다. 잎은 끝부분을 1/3 자르고 온실 속에서 모래에 꽂아 공기습도를 높여준다. 접목번식은 목련의 실생묘를 대목으로 사용하며 접수는 전년생 가지를 채취하여 즉시 사용한다. 접목한 것은 3~4년 만에 개화한다.

전정

맹아력이 약하므로 불필요한 가지만 전정한다. 가지가 너무 퍼지지 않도록 잘라주고, 균일한 지엽의 수관을 만들도록 한다. 꽃눈은 짧고 충실한 가지의 선단에 생기나

전정사례
필요한 가지 외에 작은가지는 모두 솎아준다. 주간과 함께 가는 가지는 제거해준다. 주간과 연결된 가지 부분보다 갈라진 부분의 세력이 강하나 건강하게 자랄 수 없다. 죽은 가지 및 잔가지를 제거한다.

여름이 지날 때쯤 꽃눈을 알 수 있으므로 이런 가지는 자르지 않도록 주의한다.

이식

이식 시기는 3~4월이 적기이지만 분을 잘 뜨면 어느 때나 가능하다. 잔뿌리가 적고 길기 때문에 큰 나무는 뿌리돌림을 하여 옮기는 것이 좋다. 식재 시에는 구덩이를 크게 파고 완숙 퇴비를 충분히 넣은 다음 식재하며 지주목을 잘 세워 움직이지 않도록 고정시킨다.

시비

생육이 좋으면 필요없다. 11~12월에 밑거름으로 유기질비료 또는 복합비료를 주고, 7월경에도 조금 적은 양을 덧거름으로 준다.

병충해

특별한 병해는 없고, 충해로 깍지벌레가 발생하는 수가 있다. 깍지벌레는 지상부를 흡즙 가해하며 겨울에 기계유유제, 유충발생기인 6월에 2~3회 메프유제를 1주일 간격으로 2~3회 살포한다.

이용사례

▲ 공동주택 전면에 식재 　　▲ 공동주택 중심정원에 군식하여 녹음효과 및 경관 향상

▲ 산책로 변에 열식하여 장식효과

▲ 공동주택 전면에 식재하여 차폐효과

▲ 공동주택 전면에 식재

⑭ 녹나무과 후박나무속 상록활엽교목
후박나무

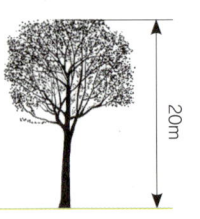

- 학 명 : *Machilus thunbergii* Siebold & Zucc. Ex Meisn.
- 영 명 : Red machilus
- 일본명 : タブノキ
- 중국명 : 紅楠
- 원산지 : 한국
- 분 포 : 울릉도 및 남부지방의 섬에서 자생, 남부지방에 식재 가능
- 조경적용도 : 장식용, 생울타리, 방조용, 방풍용, 녹음용, 가로수, 공원수, 독립수, 군식
- 관상가치 : 단정한 수형, 수피의 향기, 광택이 나는 잎, 열매
- 내한성 : 중
- 내공해성 : 중
- 내음성 : 중
- 토양적응성 : 사질양토, 점토
- 내염성 : 강
- 이 식 : 용이

▲ 수형:원정형, 수고: 20m

▲ 잎: 호생하며, 우상맥이고 혁질이다. 길이 7~15cm, 너비 3~7cm으로 가장자리에 톱니가 있으며, 광택이 있다.

▲ 꽃: 원추화서로 5월에 개화한다. 화피열편은 안쪽에 갈색 털이 있으며, 3개씩 두줄로 배열되고 수술은 3개씩 4줄로 배열된다.

14. 후박나무

▲ 줄기: 녹갈색으로 노목은 비늘조각처럼 떨어지고 회백색의 얼룩이 있다.
▲ 열매: 장과는 구형으로 지름 1.4cm이다. 흑자색으로 다음 해 7월에 성숙한다.

연간관리표

구분	1	2	3	4	5	6	7	8	9	10	11	12
수목변화					꽃		열매					
번식			실생									
이식					이식							
시비			유기질 비료	복합 비료							유기질 비료	
전정			전정									
병충해				굴깍지벌레			녹병					

🌱 번식

주로 실생번식을 이용한다. 7~8월경에 열매가 흑자색으로 익어 떨어지면 과육을 물에 씻은 후 종자를 채취하여 물기를 말리고 저온 저장 또는 노천매장을 하였다가 이듬해 봄에 파종한다. 발아율과 생장율이 좋은 편이며, 가을까지 20~25cm씩 자란다. 파종한 해에는 지상부가 동해를 입을 수 있으므로 얼지 않게 보온한다.

✂ 전정

자연형으로 가꾸되 수형은 원정형으로 가꾼다. 주간으로부터 굵은 곁가지가 고르게 나오도록 전정한다. 가로수로 이용하는 경우에는 지상부 2m 높이에서 주간의 밑가지를 잘라준다. 상층부를 자르면 수형이 흐트러질 수 있으므로 균형만 유지할 수 있도록 약전정한다.

전정사례
주간과 함께가는 곁가지, 안으로 휜 가지, 위쪽의 작고 약한 가지는 수형을 흐트러트리고 통풍에 방해가 되므로 제거한다.

이식

이식 시기는 5월~6월 하순이며, 가을에 이식하는 것은 좋지 않다. 직근성이기 때문에 큰 나무를 이식할 때에는 전년도의 봄에 반드시 뿌리돌림을 한 후 옮겨야 하며, 이식 후에는 굵은 가지를 잘라내고, 줄기와 굵은 가지에 새끼나 마대를 감아주면 무난하게 활착한다. 어린 나무는 이식한 후에 방한대책을 하지 않으면 동해가 발생한다.

시비

밑거름은 유기질비료를 11월경이나 3월에 수관선 아래 구덩이를 파고 시비하며, 덧거름은 수목생장기인 4월 하순~6월 하순에 준다.

병충해

주요 병해는 녹병과 흰말병이 있고 충해는 굴깍지벌레, 짚신깍지벌레, 후박나무이가 발생한다. 녹병은 잎에 황녹색 혹은 황갈색의 둥근 병반들이 나타나며, 병반 부분이 약간 부풀어 오른다. 병에 걸린 잎과 가지를 잘라서 태우고 매년 심한 경우 5월부터 가을까지 티디폰수화제를 한 달에 1~2회 살포한다. 굴깍지벌레는 잎과 가지에 기생하며 잎이 일찍 떨어진다. 페니트로티온유제 1,000배액을 10~15일 간격으로 2~3회 살포한다.

▲ 주차공간 분리녹지에 식재하여 녹음효과 및 경관 향상

▲ 도로변에 열식하여 녹음효과 및 시선 유도

▲ 주차장 분리녹지에 식재하여 녹음효과 및 완충효과

▲ 휴게공간에 액센트식재하여 녹음효과 및 시각적 초점으로 활용　　▲ 액센트식재하여 시각적 초점으로 활용

Chapter 3

공간별
유지관리

Trees maintenance manual
in each space

01 공간별 유지관리
공동주택

1. 단지중심정원

1) 설계지침

- 단지중심정원은 공동주택 단지 내 커뮤니티의 중심이 되는 장소로서 휴게, 놀이, 집회 등 다양한 이용행태를 담는 공간이며, 단지의 이미지를 형성하는 주 경관 요소이다.
- 접근성과 인지성이 높아 많은 주민이 이용할 수 있어야 한다.
- 중앙공원에서는 많은 활동이 일어날 수 있으므로 인접세대에 영향을 미치지 않도록 완충시설과 식재를 한다.
- 면적이 좁을 경우 주도로와 보행로를 가로 공원같이 조성하여 고유의 장소를 만든다.
- 바자회, 일일장터, 벼룩시장 등 다양한 주민행사와 어린이들의 놀이가 이루어질 수 있도록 광장을 조성한다.
- 단지 주동 사이의 녹지를 정원풍으로 만들어 조성할 수도 있다.
- 야간에도 이용할 수 있도록 조명계획을 하되 인접세대에 영향을 주지 않도록 한다.

2) 식재지침

- 가로경관, 휴게공간, 어린이놀이터 등 주요 결합공간을 함께 고려하여 식재한다.
- 계절감을 느낄 수 있는 식재를 도입한다.
- 다층식재로 단지 내 생태환경을 조성하여 교육 및 감상의 공간으로 창출한다.
- 경관식재로 공간의 식별성을 강화하고 그늘 아래서 휴식을 취할 수 있는 시설을 설치한다.
- 이벤트, 집회 등 단지 내에서 행사가 이루어지는 공간이므로 공간의 위요감을 형성할 수 있도록 식재한다.
- 초대형목을 중심목으로 식재하고 대형목을 여러 그루 식재하여 장소의 인지성과 장소성을 확보한다.
- 주이용 수종

구분	수종
상록교목	소나무(장송), 주목
낙엽교목	감나무, 노각나무, 느티나무, 느릅나무, 대왕참나무, 배롱나무, 백목련, 산수유, 살구나무, 왕벚나무, 은행나무, 이팝나무, 자귀나무, 자엽자두, 자작나무, 청단풍, 층층나무, 칠엽수, 팽나무, 홍단풍
상록관목	남천, 회양목, 눈주목, 영산홍
낙엽관목	개쉬땅나무, 낙상홍, 덜꿩나무, 말발도리, 모란, 박태기나무, 백철쭉, 병꽃나무, 산수국, 산철쭉, 수수꽃다리, 자산홍, 조팝나무, 좀작살나무, 진달래, 화살나무, 황매화, 흰말채나무

3) 설계지침에 따른 관리

- 공동주택의 중앙공원은 대형 수목이 식재되어 있는 경우가 많으므로 전정을 통하여 수형을 항상 일정하게 유지시켜준다.
- 주민들의 이용이 가장 빈번한 공간이므로 녹지의 훼손이 일어나기 쉽다. 경계가 없는 녹지나 모서리 부분의 녹지에 훼손이 일어나지 않도록 주의한다.

4) 관리사례

- 현황 : 휴식공간 주위를 대왕참나무로 위요식재하고 하층부에 다양한 관목과 지피식물을 식재함
- 시사점 : 이용자들의 휴식과 활동을 위한 적절한 녹음식재가 이루어짐

- 현황 : 느티나무로 녹음식재를 하고 주목으로 시각적 초점을 줌
- 시사점 : 대형 수목인 느티나무의 관리와 주목의 수형관리에 중점을 두는 것이 필요

- 현황 : 자연형 식재로 풍성한 녹음을 조성
- 시사점 : 대형 수목의 수형 관리 및 지피식물의 훼손 관리

- 현황 : 초화류와 관목으로 화단을 조성
- 시사점 : 건물의 그늘로 인하여 광부족이 일어나기 쉬운 곳의 식물을 관리하고 이용자들의 답압에 의한 훼손 관리 필요

- **현황** : 주민들의 이용이 빈번하여 중앙 녹지의 훼손이 심함
- **시사점** : 관목을 추가 식재하여 녹지 경계를 분명히 하고 이용자들의 출입에 따른 훼손을 방지함

2. 단지 내 도로

1) 설계지침

- 단지 내 주요공간을 연계하고 가로경관의 틀을 형성하는 선형공간이다.
- 주동 및 가로시설물과 상호 관계성을 갖고 단지의 이미지를 형성하는 영역성 및 상징성을 지닌다.
- 단지 입구 진입도로는 3m 이상의 보도를 확보하도록 하고 근원경 20cm 이상의 가로수를 식재한다.
- 단지 내 도로의 보도 폭 2.5m 이상의 보도에는 근원경 12cm 이상의 가로수를 식재한다.

- 보도의 폭이 좁아 식재가 어려울 경우 보도 바깥 녹지를 이용해 가로수를 식재한다.
- 충분한 보도 폭이 확보되지 않아 상가민원이 예상되는 단지 입구 상가 전면에는 가로수를 반영하지 않는다.
- 가로수를 제외한 돌출형 시설물을 최소화한다.
- 보도 폭을 최소 1.2m 이상 확보하고, 휴게시설 등을 설치하여 보행자의 편의성을 고려한다.

2) 식재지침

- 보도와 차도 경계 부분에 단정한 수형을 지니며 수관이 넓은 수목을 식재한다.
- 지하고가 2.5m 이상 되는 수목을 6m 이상 등거리 간격으로 식재한다.
- 정원식재를 지양하고 분위기 좋은 가로를 조성하도록 식재한다.
- 꽃, 열매, 수피 등 특성이 분명한 수종을 식재하여 상징가로 경관을 연출한다.
- 교목 하부 식수대에 관목과 지피식물 등을 도입하여 미시적 가로경관도 고려한다.
- 주이용 수종

구분	수종
낙엽교목	단풍나무, 모감주나무, 산수유, 살구나무, 왕벚나무, 이팝나무, 은행나무, 칠엽수, 회화나무, 느티나무
상록관목	눈주목, 사철나무, 영산홍, 회양목
낙엽관목	명자나무, 산철쭉, 수수꽃다리, 자산홍, 황매화, 흰말채나무

3) 설계지침에 따른 관리

- 지하고가 2.5m 이상 유지되도록 전정한다.
- 부러질 우려가 있는 가지, 수목의 구조에 문제가 되는 가지는 미리 전정한다.
- 상가건물 전면은 가로수를 과도하게 전정하기 쉽다. 과도한 전정으로 미관을 해치는 가로수는 단정한 관목으로 교체하여 식재하는 것이 오히려 바람직하다.
- 수목이 성장하여 수목 보호판이 수목에 비하여 작아진 경우 가로수 사이를 띠녹지로 교체하는 것이 바람직하다.

4) 관리사례

- 현황 : 느티나무를 등거리 식재하고, 수형과 수고를 일정하게 유지
- 시사점 : 동일한 크기의 수목을 등거리 식재하여 가로경관에 테마성을 부여하고 운전자의 시야를 유도

- 현황 : 상가건물을 가리지 않기 위하여 관목 위주로 식재
- 시사점 : 식재되어 있는 관목이 빈약하고 관리가 되지 않아 경관 저해

- 현황 : 느티나무를 열식하고 하부에 초화류 식재
- 시사점 : 느티나무 하부에 토양이 노출되어 있어 지피류 보완 식재 등 추가 멀칭 필요

- 현황 : 이팝나무를 열식하여 녹음 조성
- 시사점 : 병충해에 건강한 수목을 식재하여 관리 최소화

- **현황** : 상가건물을 가리지 않기 위하여 관목 위주로 식재.
- **시사점** : 상업 거리의 시야가 확보되어 있음.

3. 단지출입공간

1) 설계지침

- 공동주택의 단지출입공간은 단지의 첫인상을 결정하고, 전이공간의 성격을 가진다.
- 문주와 열주 등의 입구시설물을 설치하여 입구로서의 상징성을 부여한다.
- 입구에 소광장이나 휴게공간을 설치하여 출입구 공간으로서 연출한다.
- 보행자 및 차량의 안전한 이동을 위하여 보도와 차도를 분리하고 일정한 녹지 폭을 확보한다.
- 문주, 대형 수목, 단지안내판 등의 시설물에 조명시설을 한다.

- 방향성을 제시하는 선형요소를 도입하여 보행자 및 운전자에게 심리적 안정감을 제공한다.

2) 식재지침
- 공동주택 진입부의 입구감을 형성하기 위하여 대형 수목 및 조형 수목을 식재하여 상징성을 강화한다.
- 수형이 아름다운 수목이나 단풍, 꽃, 열매를 가진 수목을 식재한다.
- 대형 수목 하부에 다양한 관목과 지피식물을 식재하여 대형수목의 위압감을 완화시키고, 시각적 즐거움과 풍성한 볼거리를 준다.
- 문주, 열주 등의 입구 시설물과 조화를 이루는 식재를 한다.
- 수목터널 등 선적인 요소를 활용한 가로식재 경관을 연출한다.
- 주이용 수종

구분	수종
상록교목	소나무, 주목
낙엽교목	단풍나무, 배롱나무, 산사나무, 산수유, 살구나무, 왕벚나무, 은행나무, 이팝나무, 느릅나무, 팥배나무, 팽나무
상록관목	눈주목, 영산홍, 회양목
낙엽관목	개쉬땅나무, 낙상홍, 모란, 백철쭉, 불두화, 산수국, 산철쭉, 수수꽃다리, 자산홍, 조팝나무, 진달래, 화살나무, 흰말채나무

3) 설계지침에 따른 관리
- 공동주택의 출입공간은 대형 수목과 조형 수목 위주로 식재되어 있는 경우가 많으므로 전정을 통하여 수형을 항상 일정하게 유지시켜준다.
- 현수막 등 부착물은 수간에 상처를 주고 경관을 해치므로 부착하지 않도록 한다.
- 대형 수목 하부는 광부족이나 타감작용 등에 의하여 식물이 고사하기 쉬우므로 음지성 식물을 식재하거나 멀칭재를 사용한다.

4) 관리사례

- 현황 : 수목에 현수막을 걸어 수간에 상처를 줄 우려가 있음
- 시사점 : 부착물을 제거하거나 필요 이상 오래 방치하지 않음

- 현황 : 출입공간 수경시설 옆에 지주목이 방치되어 있고 토양이 파헤쳐져 있음
- 시사점 : 출입공간은 단지의 첫 이미지를 결정하므로 청결하고 단정하게 관리하는 것이 중요함

- 현황 : 소나무 주위에 설치된 조경석 사이로 토사가 흘러내리고 있음
- 시사점 : 소나무 주변 화단을 새로 조성하거나 경관석을 더 촘촘하게 설치

- 현황 : 입구의 상징조형물이 강조되도록 수목 식재를 최소화
- 시사점 : 출입구에 상징조형물이 설치되어 있는 경우 수목에 의해 조형물의 상징성이 약해지지 않도록 함

- **현황** : 출입공간을 강조하기 위해 대형소나무를 식재
- **시사점** : 소나무의 건강한 생육과 수형을 중점적으로 관리함

4. 보행로

1) 설계지침

- 보행로란 이용자들의 산책 등 보행에 이용되는 길로서 차도와는 공간적으로 분리된 길을 말한다.
- 보행로는 단지 내 공간과 시설을 연결하며, 축을 형성하여 공동주택의 중요한 선적 경관이 된다.
- 보행로 공간은 휴식, 기다림, 어린이들의 놀이(스케이팅, 자전거 타기 등) 등 다양한 행위가 발생할 수 있다.

- 쾌적한 보행환경을 위한 적정 보도 폭 및 포장, 휴식공간과 시설물 등이 확보되어야 한다.
- 보행로의 식재는 단지 경관에 특성을 부여하고, 미적 효과를 주는 수목 식재가 이루어진다.

2) 식재지침

- 은행나무, 메타세쿼이아와 같이 지하고가 높고 수형이 단정한 수목을 식재한다.
- 느티나무, 팽나무, 칠엽수 등 넓은 수관을 형성하여 녹음을 줄 수 있는 수목을 식재한다.
- 왕벚나무, 배롱나무, 산수유, 청단풍, 꽃사과 등 계절감을 줄 수 있는 수목을 식재한다.
- 수목의 열식을 통하여 축을 형성하고, 단지 경관에 특징을 부여하는 수목을 식재한다.
- 산책 등의 활동에 주로 이용되는 보행로는 다양한 화목류 및 지피식물을 식재하여 흥미로운 동선을 연출한다.
- 주이용 수종

구분	수종
상록교목	섬잣나무, 소나무, 주목
낙엽교목	감나무, 꽃사과, 느릅나무, 느티나무, 대왕참나무, 마가목, 모과나무, 튜울립나무, 배롱나무, 백목련, 산딸나무, 산벚나무, 산사나무, 산수유, 살구나무, 왕벚나무, 은행나무, 이팝나무, 자엽자두, 자작나무, 느릅나무, 청단풍, 층층나무, 칠엽수, 회화나무
상록관목	눈주목, 사철나무, 영산홍, 회양목
낙엽관목	개쉬땅나무, 낙상홍, 덜꿩나무, 덩굴장미, 명자, 모란, 박태기나무, 백철쭉, 병꽃나무, 산수국, 산철쭉, 수수꽃다리, 자산홍, 조팝나무, 좀작살나무, 진달래, 화살나무, 황매화, 흰말채나무

3) 식재관리지침

- 전정
  ▸ 보행에 방해되지 않도록 2m 높이의 지하고를 확보할 수 있도록 전정한다.
  ▸ 여름철의 쾌적한 보행을 위하여 녹음 확보를 할 수 있도록 과도한 전정을 피한다.

▸ 열식이 되어 있는 수목은 수형을 단정하게 하고, 모양을 맞추어 전정한다.

- 시비
  ▸ 포장 하부에 식재된 수목은 수관 가장자리 밑에 시비하는 것이 곤란한 경우가 많으므로 수목 하부 녹지대 내에서 가능한 외곽으로 지효성 비료를 준다.

- 병충해
  ▸ 보행로 변에 식재된 수목은 병충해 발생시 사람들에게 불쾌감을 주거나 경관상 보기 나쁘고 녹음의 양을 현저하게 줄이는 결과가 되므로 미리 계획을 세워서 방제해야 한다.
  ▸ 주요 병해충은 발생과정이나 습성을 미리 잘 알아서 조기에 발견하고 방제한다.
  ▸ 병충해 방제 시 사전에 주민들에게 알려 통행을 제한하고, 맹독성으로 구분된 약제는 사용하지 않는다.
  ▸ 살포 횟수는 가능한 적게 하고, 불필요한 살포는 하지 않는다.

- 기타관리
  ▸ 포장 하부에 수목이 식재되어 있는 경우 수목이 생장함에 따라 뿌리가 굵어지면 포장의 균열이 생길 수 있으며, 포장의 균열로 요철이 있는 경우 안전사고 등이 발생할 수 있으므로 주변 포장을 걷어내고 뿌리 제거 후 다시 포장한다.
  ▸ 보행로에 설치된 띠녹지 및 분리녹지는 보행자들의 횡단에 의하여 훼손되기 쉬우므로 녹지 내부로 통행을 제한할 수 있도록 관목을 밀식하거나 울타리를 설치한다.
  ▸ 보행로 변의 지피식물과 잔디 등이 죽어 토사가 유출되는 경우는 내음성이 강한 지피식물을 식재하거나 멀칭하여 표토를 안정시킨다.

4) 관리사례

- 현황 : 보행로 변에 다양한 수종을 식재하여 숲 분위기로 연출
- 시사점 : 보행로 변에 자연스런 식재를 하여 친근감을 높이고 휴식을 겸한 산책을 할 수 있도록 함

- 현황 : 식재 변화를 주기 위하여 주목을 식재함
- 시사점 : 산책로 입구에 식재한 주목의 수형이 흐트러져 있고 관목이 일부 고사되어 미관 저해

- **현황** : 보행로 변에 휴식공간을 조성하고 소나무로 위요식재를 함
- **시사점** : 자칫 단조롭기 쉬운 보행로에 변화를 주었음

- **현황** : 보행로를 따라 다양한 수종을 식재
- **시사점** : 다양한 수종으로 친근한 분위기 연출

- 현황 : 가지가 보행로 쪽으로 자라 통행에 방해가 되고 있음
- 시사점 : 통행에 방해가 되는 가지를 전정

5. 수경공간

1) 설계지침

- 생태연못은 친환경적 단지 이미지를 구현하는 테마공간이며, 수생 생태환경을 체험하는 학습의 장이다.
- 수변부는 식물의 생육을 전제로 하기 때문에 원칙적으로 인공물을 배제하고, 흙으로 법면을 조성한다.
- 흙, 섶단, 자연석 등 자연재료를 도입하고 주변에 향토수종을 배식하여 자연스런 경관을 형성한다.

- 새, 곤충, 양서류 등의 서식환경을 조성하기 위해 연못 안과 연못 주위에 수생식물을 식재한다.
- 생물의 서식환경을 보호, 보전하기 위해서 연못 주변을 일주하는 관찰로나 산책로는 조성하지 않는다.
- 입수구의 물의 유속과 수심, 바닥 형상에 변화를 주어 다양한 서식환경을 조성하며, 물은 순환시키고 순환 과정에서 자연적으로 정화되도록 한다.
- 오염되지 않은 물을 수원으로 확보한다.
- 연못 주위에 물새류를 유인하기 위해서는 수변부에 몸을 숨길 수 있는 갈대와 습지 수목으로 숲을 조성하고 사람들의 접근금지구간을 설정한다.
- 수생생물을 관찰할 수 있는 자연체험학습을 유도하기 위한 시설을 설치한다.

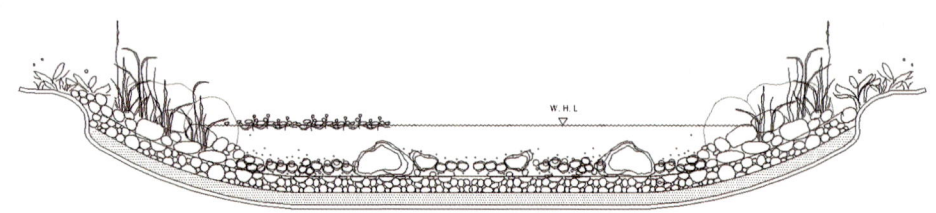

▲ 생태연못 단면도

2) 식재지침

- 추수식물, 부엽식물, 부수식물, 침수식물로 나누어 생태적 요건을 고려한 식재를 한다.
- 추수식물대는 수제환경 중에서도 가장 다양한 서식환경이며, 구체적인 식물로서 갈대, 줄, 부들류 등이 있다.
- 어느 정도 규모가 있는 수서식물대는 멧밭쥐, 큰개개비, 쇠물닭, 개개비사촌, 논병아리, 수생곤충류의 서식장소나 은닉장소, 피난장소가 된다.
- 수생곤충이나 치어 등이 큰 물고기에게 잡혀 먹히지 않도록 얕은 수역이나 수생식물이 밀생하는 장소를 조성한다.

- 수생식물의 생육을 방치하면 우점종이 나타나 식물의 종류가 단순해질 우려가 있으며, 연못 전체를 덮으면 수생동물의 서식공간이 좁아진다. 또한 수생식물의 잔해가 물속에서 부패하게 되면 물속의 산소가 고갈되어 연못은 황폐하게 된다. 따라서 우점종에 의한 피압이나 식물에 의한 수면 피복율이 1/3 이상을 넘지 않도록 종류별로 수생식물의 근권을 제한할 필요가 있다.
- 때죽나무와 같이 열매에 독성이 있는 수목의 식재를 피한다.
- 주이용 수종

구분	수종
추수식물	꽃창포, 노랑꽃창포, 부들, 부채붓꽃, 부처꽃, 비비추, 삼백초, 속새, 창포
부엽식물	노랑어리연꽃, 수련, 개연꽃
침수식물	붕어마름, 미나리마름
부수식물	개구리밥, 마름, 부레옥잠

3) 설계지침에 따른 유지관리

- 주민이 물고기의 먹이 등을 주어 연못 내 유기물이 유입되지 않도록 한다.
- 수면 위의 낙엽이나 가라앉은 낙엽은 제거하고 급속하게 생장하는 수생식물은 솎아준다.
- 연못 주위의 녹지에 시비할 경우 비료성분이 연못에 흘러들어가지 못하도록 도랑 등을 설치한다.
- 죽은 식물은 방치하지 않고 제거한다.
- 가을철에 고사한 수생식물의 지상부를 잘라준다.
- 여름철 연못의 영양성분이 증가하는 경우 미생물로서 분해 처리하는 방법을 사용할 수 있다.
- 수생식물 중 수련이나 연꽃 등은 약간의 시비를 해서 관리한다.
- 연못의 수위를 항상 일정하게 유지하여, 수위가 낮아져 수변식물이 장기간 건조되는 일이 없도록 한다.
- 수련이나 연꽃과 같이 급속하게 번지는 수생식물의 경우 통나무 말뚝을 수생식물의 뿌리주변에 박아두어 뿌리가 통나무 밖으로 나가지 못하도록 한다.

- 수생식물의 종류에 따라 요구하는 물의 깊이가 다르므로 바닥의 높이를 조절하거나 수중화분에 식재한다.
- 부수식물은 물속에서 영양분을 흡수하므로 부영양화된 물의 정화에 가장 효율적이지만 물에 떠 있으므로 바람이나 유수에 떠내려갈 우려가 높고, 번무하여 연못 전체를 덮거나 경관상 흉해질 우려도 있으므로 그물망 등을 설치한다.

4) 관리사례

- 현황 : 연못의 수위가 적절하게 유지되어 다양한 수생식물이 생육하고 있음
- 시사점 : 일정한 수위와 깨끗한 수질관리로 수변생태계가 조화를 이루고 있음

- 현황 : 계류 주변의 식물들이 조화롭게 어우러져 있음
- 시사점 : 일정한 수위와 깨끗한 수질관리로 수변생태계가 조화를 이루고 있음

- 현황 : 수생식물이 연못 전체를 뒤덮고 있음
- 시사점 : 수면을 뒤덮고 있는 우점 수생식물을 제거하여 수생식물 간의 균형을 맞추고 수면이 일정부분 드러나도록 함

- 현황 : 수경공간의 물이 모두 배수되어 수생식물이 건조되고 있음
- 시사점 : 연못의 수위를 항상 일정하게 유지하여 수생식물이 생육할 수 있도록 함

- 현황 : 고사한 수생식물이 방치되고 있음
- 시사점 : 방치된 고사식물은 연못의 수질을 오염시키므로 제거하여 유기물이 연못 내에 유입되지 못하도록 함

6. 어린이 놀이터

1) 설계지침

- 어린이 놀이터란 여러 가지 놀이 시설물을 설치하여 어린이들에게 놀이를 통하여 신체적, 사회적, 교육적 발전을 도모하게 하는 장소를 말한다.
- 어린이 놀이터의 공간은 놀이공간, 휴게공간, 보행공간, 녹지공간으로 구성된다.
- 어린이 놀이터는 안전성이 확보되어야 한다.
    - ▸ 안전한 놀이시설, 놀이시설 간의 안전거리 확보, 안전한 보행동선
    - ▸ 보호자가 관찰하기 위한 시야 확보
    - ▸ 어린이의 안전과 이용행태를 고려한 식재패턴
- 어린이 놀이터는 창의적이어야 한다.
    - ▸ 창의성을 유발하는 시설물과 포장 도입
    - ▸ 자연과 함께하는 다양한 주제의 놀이공간이 되어야 함
    - ▸ 체험교육을 할 수 있는 요소들이 제공되어야 함

2) 식재지침

- 어린이의 안전을 고려한 식재
    - ▸ 꽃이나 열매에 독성이 없는 수목을 식재한다.
    - ▸ 가시가 없고, 잎이 날카롭지 않은 수목을 식재한다.
    - ▸ 병충해에 강한 수목을 식재한다.
    - ▸ 수고 3m 이상으로 수관이나 가지가 시야를 방해하지 않는 수목을 식재한다.
- 어린이의 교육을 위한 식재
    - ▸ 색깔, 향기, 질감 등의 개성이 있어 체험학습 효과를 유발시킬 수 있는 수목을 식재한다.
    - ▸ 계절의 변화를 느낄 수 있는 수목을 식재한다.
    - ▸ 숲 속을 연상시킬 수 있는 다양한 수목을 식재한다.

- 녹음을 위한 식재
  ▶ 어린이 놀이터 내부에 그늘을 주는 교목을 식재한다.
- 주이용 수종

구분	수종
상록교목	서양측백, 소나무
낙엽교목	감나무, 노각나무, 느티나무, 단풍나무, 대왕참나무, 모감주나무, 백목련, 복자기, 산딸나무, 산사나무, 산수유, 살구나무, 왕벚나무, 은행나무, 이팝나무, 자귀나무, 자엽자두, 자작나무, 중국단풍, 느릅나무, 층층나무, 칠엽수, 팥배나무
상록관목	사철나무, 영산홍, 회양목
낙엽관목	낙상홍, 덜꿩나무, 명자나무, 모란, 박태기나무, 백철쭉, 산수국, 산철쭉, 수수꽃다리, 앵도나무, 자산홍, 조팝나무, 좀작살나무, 진달래, 화살나무, 황매화, 흰말채나무

3) 설계지침에 따른 관리

- 전정
  ▶ 지하고가 낮은 나무는 어린이들이 올라가거나 가지를 잡아 흔들어 부러질 우려가 있으므로 부러질 우려가 있는 가지는 미리 전정한다.
  ▶ CCTV를 가리거나 가릴 우려가 있는 가지를 미리 전정한다.
- 병충해 방제
  ▶ 어린이들이 이용하는 점을 고려하여 가능한 한 물리적 방제를 행한다.
  ▶ 약제를 이용할 경우 독성이나 냄새가 약한 약제를 사용하며 약제로 인하여 주위가 더럽혀지지 않도록 한다.
- 녹지 보호
  ▶ 어린이들은 녹지를 가로질러 놀이터 내부로 이동하는 경향이 있어 녹지의 훼손이 빈번하다.
  ▶ 통행이나 놀이에 의해 녹지가 훼손된 경우 보행로를 만들어주거나 추가 식재를 통하여 통행을 방지한다.
- 학습효과
  ▶ 수목명, 수목의 특성, 수목의 유래 등을 기재한 안내판을 부착하여 학습효과를 유발한다.

4) 관리사례

- 현황 : CCTV가 나뭇가지에 가릴 우려가 있음
- 시사점 : 나뭇가지가 CCTV를 가리지 않도록 전정

- 현황 : 이용자들이 녹지를 가로질러 놀이터 내부로 이동하여 녹지가 훼손됨
- 시사점 : 잔디 대신 회양목 등을 식재하여 경계를 만듦

- 현황 : 이용자들의 이동으로 인하여 통행로 발생
- 시사점 : 영산홍을 식재하여 통행로를 막음

- 현황 : 휴게시설과 놀이시설 사이의 녹지대에 통행로 발생
- 시사점 : 휴게시설과 놀이시설 사이에 통행로 개설

- 현황 : 녹지대의 토사가 포장으로 흘러 미관 저해
- 시사점 : 맥문동 등 음지성 지피식물을 식재하여 미관 향상 및 토사 유실 방지

7. 옥상

1) 설계지침

- 부족한 녹지를 확보하기 위해 건축물의 옥상에 조성한 녹지공간으로 도시 열섬 완화, 다양한 생물 서식공간 제공, 휴식 및 녹화 등의 다양한 기능을 가지고 있다.
- 옥상의 식재기반은 건물의 하중을 고려하여 계획한다.
- 옥상의 인공지반은 땅속으로부터의 수분 공급이 없으므로 토양에 보수성이 있는 토양개량재를 섞는다.
- 식물의 크기에 따른 토심을 확보한다.

- 식물의 뿌리가 방수층에 침투하는 것을 막기 위해 방근용 시트를 이용한다.
- 토양건조에 대비하여 관수시설을 설치한다.

2) 식재지침

- 옥상의 적재하중과 토심, 수목의 생장률 등을 고려하여 적합한 수종과 형태를 선택한다.
- 옥상은 일반적으로 바람이 강하고 건조해지기 쉬우므로 건조에 견딜 수 있는 수목을 식재하고, 바람의 피해를 입기 쉬운 수목을 식재할 경우에는 단일목 식재를 피한다.
- 옥상의 가장자리와 같이 풍해를 받기 쉬운 곳에는 중교목 또는 관목을 밀식하여 방풍식재를 하는 것이 바람직하다.
- 과실이나 가지가 떨어질 위험이 있는 경우 건축물 끝부분과 거리를 두어 식재한다.
- 사람의 이용이 많을 것으로 예상되는 경우 사람의 동선과 식재대를 분리하여 밟히는 일이 없도록 한다.
- 흙이 날리거나 건조해짐을 방지하기 위해 지피식물 또는 멀칭재 등으로 토양을 덮는다.
- 새나 곤충 등 동식물과의 공생을 고려한 수목을 선택하는 것이 바람직하다.
- 녹음이나 단풍, 꽃, 향기 등을 즐길 수 있는 수목을 식재한다.
- 조경용 수목 이외에 과수나 화초, 허브, 채소 등을 선택할 수도 있다.
- 성장이 느려 관리빈도가 적은 식물이나 병충해에 강한 식물을 식재한다. 또한 건조에 특히 강한 세덤류 등의 식물을 사용하는 것이 좋다.
- 주이용 수종

구분	수종
상록교목	소나무(둥근형)
낙엽교목	공작단풍, 꽃사과, 단풍나무, 배롱나무, 산딸나무, 산수유, 살구나무
상록관목	영산홍, 회양목
낙엽관목	명자나무, 산철쭉, 수수꽃다리, 자산홍, 황매화, 흰말채나무

3) 설계지침에 따른 관리

- 옥상공간은 수목이 너무 자라면 가지가 부러지거나 바람에 의한 도복 및 하중의 문제가 우려되므로 수목의 생육에 해가 되지 않는 범위에서 생장에 제한을 두거나 경우에 따라서 수목을 교체한다.
- 수목은 자라면서 주변에 있는 수목의 가지와 잎이 서로 뒤얽히는 과밀식 상태가 되기 쉽다. 정기적으로 가지치기를 하거나 정리하는 등의 관리를 해주도록 한다.
- 화학비료를 많이 주면 토양이 굳어지거나 집적될 수 있으므로 주의한다.
- 도시건축물을 녹화하는 경우 사람이 주거하는 장소와 가까우므로 가능한 한 약제를 사용하는 것은 피한다. 또한 병충해가 발생하면 발생 초기에 신속하게 방제한다.
- 인공지반에 식재되어 있는 수목은 장기간 뿌리가 엉켜 막히는 경우도 있다. 뿌리막힘을 일으켜 생육이 나빠진 수목은 오래된 뿌리를 잘라내고 새 흙으로 바꾼다.
- 낙엽으로 인하여 배수구가 막히지 않도록 주의한다.

4) 관리사례

- **현황** : 건물 현관 위 슬라브에 세덤류를 식재하여 옥상 녹화
- **시사점** : 건물 현관 위 슬라브를 옥상녹화하여 경관을 향상시키고 출입이 어려움을 감안하여 저관리형으로 조성함

- 현황 : 건물 지하창고 출입구 위 슬라브에 세덤류를 식재하여 녹화
- 시사점 : 콘크리트가 노출되어 미관을 저해하기 쉬운 슬라브를 저관리형 녹화를 하여 경관 향상

- 현황 : 건물 옥상과 베란다 및 벽면 녹화
- 시사점 : 건물과 자연이 공존하는 생태건물로 조성

- **현황** : 건물 현관 슬라브와 옥상을 녹화
- **시사점** : 건물과 자연이 공존하는 생태건물로 조성

- **현황** : 덩굴식물을 이용하여 옥상 녹화
- **시사점** : 중량이 가벼우면서 넓게 퍼질 수 있는 덩굴식물을 이용하여 풍성한 녹음 조성 및 옥상정원 관리를 용이하게 함

- **현황** : 키가 낮은 반송과 관목을 식재
- **시사점** : 건축선을 차폐하는 효과와 함께 옥상의 하중 및 풍해 등을 고려한 식재

- **현황** : 공동주택의 지붕에 지피식물을 이용하여 옥상 녹화
- **시사점** : 세덤류 등의 지피식물 식재로 관리를 최소화함

8. 외곽녹지

1) 설계지침
- 공동주택 단지 외곽녹지는 최소 2m 이상의 녹지공간을 확보하여 외부 불량요소를 차폐한다.

2) 식재지침
- 넓은 외곽녹지는 구릉을 만들고, 군락으로 식재하여 자연숲의 분위기를 조성한다.
- 군락식재 시 군락 간 5m 이상의 이격거리를 확보하여 종간 경쟁에 의한 열세수목의 피압을 방지하고, 수종이 혼재되지 않은 정연한 경관을 조성한다.
- 절개지 등 경관이 불량한 곳이나 간선도로에 인접하여 소음이 발생되는 곳은 상록교목과 낙엽교목으로 이중수림대를 조성하여 차폐 또는 방음한다.
- 절토 및 성토 비탈면은 잔디 등 지피식물로 피복하되 암이 섞인 척박토질이나 시각적으로 취약한 옹벽 상단부에는 싸리나무, 개나리, 진달래, 눈향나무, 사철나무 등 생장력이 강한 관목류를 식재하여 경관을 개선한다.
- 암이 섞여 잔디식재가 어려운 경우에는 초류 종자를 기계살포한다.
- 통행이 많고, 시각적으로 중요한 도로변 담장이나 울타리 주변에는 화목성 덩굴류나 관목류를 군식한다.
- 단지 경계부가 기존산림, 공원 등과 접할 경우는 기존 수목과 수관을 고려하여 연계될 수 있도록 고려한다.
- 산책로를 설치하여 주민들의 주거환경 향상을 돕고 건강, 환경을 테마로 한 식재를 도입하여 주제감 있는 공간을 형성한다.
- 주이용 수종

구분	수종
상록교목	스트로브잣나무, 전나무
상록관목	눈향나무, 사철나무, 영산홍, 회양목

구분	수종
낙엽교목	가시나무, 갈참나무, 계수나무, 낙우송, 느티나무, 단풍나무, 대추나무, 메타세쿼이아, 모감주나무, 백목련, 복자기, 산딸나무, 산수유, 상수리나무, 신갈나무, 왕벚나무, 이팝나무, 자엽자두, 중국단풍, 튤립나무
낙엽관목	개나리, 낙상홍, 명자나무, 박태기나무, 백철쭉, 불두화, 병꽃나무, 산철쭉, 수수꽃다리, 싸리나무, 자산홍, 조팝나무, 진달래, 황매화, 흰말채나무

3) 설계지침에 따른 관리

- 외곽녹지는 차폐와 완충을 위하여 초기 식재 시 밀식을 하는데, 수목이 자라 지나치게 무성해져 정상적인 생육이 불량한 경우 3~4m 간격으로 솎아준다.
- 외곽녹지가 성토 지반일 경우 수목이 심식되어 있는 경우가 종종 발생한다. 수목의 수세가 약해진 경우 흙을 파보아 심식인지 확인하고, 심식일 경우 흙을 파내고 통풍을 위한 장치를 해준다.

4) 관리사례

- 현황 : 단지 외곽 녹지를 따라 산책로를 조성하고 체육시설물을 설치
- 시사점 : 상록교목으로 외부 건물을 차폐하고, 산책로와 체육시설물 설치를 통하여 건강 기능도 함께 추구함

- 현황 : 단지 외곽 녹지가 기존 산림과 연계되어 있음
- 시사점 : 소생물 서식지를 만들어 생태적 환경으로 조성

- 현황 : 통행이 많은 도로변 경계 부근에 참나무류로 차폐식재를 함
- 시사점 : 하부관목과 상록교목류가 없어 차폐효과와 완충효과가 떨어짐

- 현황 : 외곽녹지를 구릉형으로 조성하고 녹지 내에 산책로를 도입
- 시사점 : 외곽녹지를 숲 속 분위기로 만들고 작은 휴게공간도 함께 조성하여 쾌적한 환경 조성

- 현황 : 외곽녹지를 따라 산책로와 휴게공간을 조성
- 시사점 : 외곽녹지를 다양한 공간으로 활용

9. 운동공간

1) 설계지침

- 주민운동공간은 주민들의 신체단련 및 운동을 위하여 설치하는 운동장, 체력단련장, 경기장 등의 공간을 말하며 휴식, 산책 등의 기능을 함께 수행하는 복합공간이다.
- 공간 구성은 운동시설공간, 휴게공간, 보행공간, 녹지공간으로 나누어지고, 동선체계는 공동주택 단지의 전체 보행동선체계와 어울리도록 한다.
- 조깅코스나 산책로 주변에 산책과 함께 체력단련을 할 수 있도록 팔굽혀펴기, 윗몸일으키기, 허리돌리기 등의 체력단련시설을 배치한다.
- 체력단련시설 주변에 지압보도를 설치할 경우 주변보행과 교차되지 않도록 설치하며, 포장면은 날카롭지 않게 처리한다.
- 운동공간의 포장은 이용목적, 이용상황, 포장의 특성, 관리 및 경제성 등을 고려하여 각 운동시설에 적합한 포장을 한다.
- 운동의 종류에 따라 공이 튀어나가지 않도록 운동장 경계에 울타리를 설치한다.
- 운동공간의 바닥에 물이 고이지 않도록 중앙부를 높게 하고 둘레에는 도랑 및 집수정을 설치한다.

2) 식재지침

- 운동시설, 휴게, 보행공간의 넓은 포장부위에 녹음을 조성하도록 정자목 형태의 대형목을 식재한다.
- 소음완화 및 주변공간과 구분된 독립된 공간을 조성하기 위하여 위요식재를 한다.
- 운동공간 주변에 관람용 스탠드가 설치되어 있는 경우 스탠드 내에 관람과 동선에 방해가 되지 않는 범위 내에서 녹음을 위한 식재를 한다.
- 청소년과 어린이들도 함께 이용하는 공간이므로 가시나 독성이 없는 수종을 식재한다.

- 주이용 수종

구분	수종
상록교목	섬잣나무, 소나무, 스트로브잣나무, 주목
낙엽교목	감나무, 꽃사과, 느티나무, 단풍나무, 대왕참나무, 마가목, 메타세쿼이아, 모감주나무, 모과나무, 배롱나무, 백목련, 복자기, 산딸나무, 산벚나무, 산사나무, 산수유, 살구나무, 상수리나무, 왕벚나무, 은행나무, 이팝나무, 자엽자두, 자작나무, 느릅나무, 층층나무, 팽나무
상록관목	영산홍, 주목, 회양목
낙엽관목	개쉬땅나무, 낙상홍, 모란, 백철쭉, 산수국, 산철쭉, 수수꽃다리, 자산홍, 조팝나무, 진달래, 화살나무, 흰말채나무

3) 설계지침에 따른 관리

- 운동공간 주변에 식재되어 있는 수목은 공과 같은 운동 도구나 운동 활동에 의해 가지가 부러질 우려가 있다. 가지가 부러진 경우 깨끗이 전정하거나 자주 손상이 일어나는 경우 잘 견딜 수 있는 수목으로 교체한다.
- 과도한 답압에 의해 생장이 저해될 우려가 있는 수목은 수목보호판을 설치한다.
- 토사, 낙엽, 열매 등에 의해 포장이 오염되지 않도록 한다.
- 식재대를 벤치로 겸용하는 경우 식재대 밖으로 자란 가지를 전정하여 이용에 따른 손상이 없도록 한다.

4) 관리사례

- 현황 : 소정원에 체력단련시설을 설치하여 작은 운동공간으로 조성
- 시사점 : 운동공간 주변에 녹음과 완충이 적절하게 이루어져 있음

- 현황 : 공동주택 전면에 체력단련시설을 설치하여 작은 운동공간 조성
- 시사점 : 주거공간과 운동공간 사이에 적절한 완충이 이루어져 있음

- 현황 : 보행로를 따라 체육단련시설을 설치하여 운동공간 조성
- 시사점 : 편리한 동선과 녹음으로 접근 및 이용이 용이

- 현황 : 보행로를 따라 체육단련시설을 설치하여 운동공간 조성
- 시사점 : 운동공간 주변에 단풍나무를 식재하여 녹음과 위요 효과

- 현황 : 운동장 주변에 스트로브잣나무와 서양측백나무를 식재
- 시사점 : 운동공간 주위를 위요식재하고 건물은 차폐식재함

10. 주동정원

1) 설계지침

가. 주동 전면부

- 주동의 전면부는 저층 세대 주민의 사생활 보호와 안전을 고려한 공간이어야 한다.
- 실내에서 근거리 조망이 이루어지는 공간이므로 편안한 정원 분위기로 연출한다.
- 친근하고 편안한 정원 분위기 연출을 위하여 화목류, 유실수, 단풍류, 관목 및 지피 초화류가 조화된 정원형 배식 기법을 도입한다.
- 발코니 전면으로의 접근을 차단하기 위하여 하부 식생을 강화한다.
- 사생활 보호를 위하여 상록 생울타리 및 트랠리스 등을 이용하여 차폐식재를 한다.

나. 주동 후면부

- 주동공간 후면은 주동출입 공간으로 입주민의 이용 빈도가 높은 공간이다.
- 출입공간으로서의 기능적 성격 및 높은 이용빈도를 고려한 공간 연출이 되어야 한다.
- 녹지의 폭이 3~6m일 경우 화목류나 단풍류를 사용하여 정원 분위기로 연출한다.
- 3m 미만으로 녹지공간이 좁을 경우 정형적 수형의 상록교목 식재로 정돈된 분위기를 연출하고, 하부관목 식재로 단조로운 공간의 취약점을 보완한다.
- 음지에서 생육이 양호한 수종을 도입하여 생태적으로 안정된 식생구조를 유지하도록 한다.

다. 주동 측전면부

- 주동 측면부는 건축 노출에 의한 시각적 위압감이 형성되며, 불리한 일조조건을 가진 공간이다.
- 건축물의 위압감을 완화할 수 있는 수종을 식재한다.
- 불리한 일조조건을 고려하여 내음성이 있는 수종을 식재한다.
- 통과형 동선이 지나가므로 시각적 축을 형성할 수 있도록 동일 수종을 열식한다.
- 녹지의 폭에 따라서 작은 휴게공간 등을 만들 수 있는 공간이다.
- 수목하부 경관을 고려하여 관목을 군식한다.
- 녹지의 폭이 지나치게 좁다면 벽면녹화를 통하여 경관을 연출한다.
- 주이용 수종

구분	수종
상록교목	구상나무, 섬잣나무, 소나무(장송), 주목
낙엽교목	메타세쿼이아, 대추나무, 감나무, 청단풍, 홍단풍, 때죽나무, 백목련, 배롱나무, 모과나무, 살구나무, 매실나무, 꽃사과나무, 산사나무, 마가목, 자엽자두, 동백나무, 산수유, 산딸나무, 이팝나무, 자귀나무
상록관목	회양목, 영산홍, 사철나무, 눈주목, 남천, 피라칸타, 은목서, 치자나무, 꽃댕강나무
낙엽관목	개쉬땅나무, 나무수국, 낙상홍, 덩굴장미, 말발도리, 매자나무, 명자나무, 모란, 무궁화, 박태기나무, 백철쭉, 병꽃나무, 산수국, 산철쭉, 수수꽃다리, 앵도나무, 자산홍, 조팝나무, 좀작살나무, 화살나무, 황매화, 흰말채나무

2) 설계지침에 따른 관리

- 주동 정원은 근거리 조망이 이루어지는 곳이므로 청결하고 세밀하게 관리되어야 한다. 고사목은 발생 즉시 제거하고, 병충해는 사전에 예방하되, 가급적 친환경 약제를 사용한다.
- 주동정원은 건물과 수목의 그늘로 인하여 하부 식물이 고사하여 녹지의 토양이 노출되기 쉽다. 토양이 포장면으로 흘러내리지 않도록 포장과 면한 가장자리 녹지에는 관목이나 지피식물을 식재한다.
- 잡초가 지나치게 무성하게 자라지 않도록 발생 초기에 인력으로 제초한다.
- 수목이 밀식되어 있는 경우가 많으므로 지나치게 겹쳐진 수목은 제거 또는 이식하거나 전정으로 가지를 솎아준다.
- 주동 출입구는 식별성을 위하여 주목이나 향나무 등의 상록수를 조형하여 식재하는 경우가 많다. 조형된 수목은 수형이 항상 일정하게 유지되도록 전정한다.

3) 관리사례

- 현황 : 주동 전면 녹지에 단풍나무를 식재하고 하부에 철쭉류와 회양목 등을 군식
- 시사점 : 단풍나무를 주동으로부터 적절한 간격으로 식재하여 실내에서의 조망을 지나치게 가리지 않았음

- 현황 : 주동 출입구 양쪽에 상록교목인 주목 식재
- 시사점 : 주목을 같은 크기와 모양으로 조형전정하여 입구의 식별성을 강조하고 상징적 문주로서 역할을 함

- 현황 : 출입구에 상징적 문주로 식재된 주목이 고사하여 주거공간 출입 시 불쾌감을 줄 수 있음
- 시사점 : 고사목을 제거하고 맞은편 주목과 동일한 규격의 주목으로 식재

- 현황 : 하부 식생의 고사로 인하여 토사가 포장면으로 흘러 내림
- 시사점 : 밀식된 수목을 솎아내고 포장면에 인접한 녹지에 관목이나 지피식물을 식재하여 토사유출을 방지함

- 현황 : 주동 측벽에 메타세쿼이아를 식재하고 모서리 부분은 수관이 넓은 수목을 식재함
- 시사점 : 건축물의 위압적인 선을 메타세쿼이아로 완화시키고 모서리 부분은 수관이 넓은 수목으로 차폐시켜 안정감
  을 주었음

• 현황 : 주동 측벽에 수관이 넓은 느티나무를 열식하고 수목 하부에 관목을 군식함
• 시사점 : 넓은 수관으로 주동 측벽을 가려 건축물의 위압감을 완화시키고 수목 하부에 관목을 식재하여 휴먼스케일로 조성

• 현황 : 주동 양 옆으로 동일한 수목을 열식함
• 시사점 : 건축물의 위압감을 완화시키면서 가로경관도 조성

11. 주차공간

1) 설계지침

- 주차공간은 안전하고 원활한 교통과 주민의 편의를 위하여 설치하는 시설이다.
- 주차공간은 차량 및 보행자의 안전을 고려한 공간으로 구성되어야 한다.
- 저층 입주민을 위한 차폐 및 완충공간을 조성해야 한다.
- 경관을 고려한 주차장 미관계획이 필요하다.

2) 식재지침

- 운전자의 시야 확보를 위한 식재가 이루어져야 한다.
- 그늘 공간 제공 및 과도한 일사량을 고려하여 수관폭이 큰 수종을 식재한다.
- 하부식재 강화 및 잔디블럭 설치 등을 통하여 풍성한 녹음을 연출한다.
- 소음이나 전조등이 저층 세대에게 피해를 주지 않도록 차폐식재를 한다.
- 자동차 배기가스 및 복사열에 강한 수종을 식재한다.
- 나무 수액이나 열매가 떨어지지 않는 수종을 식재한다.
- 주이용 수종

구분	수종
낙엽교목	느티나무, 은행나무, 이팝나무, 회화나무
상록관목	회양목, 영산홍, 사철나무, 눈주목, 피라칸다, 은목서, 치자나무, 꽃댕강나무
낙엽관목	개쉬땅나무, 나무수국, 낙상홍, 말발도리, 매자나무, 명자나무, 백철쭉, 병꽃나무, 산수국, 산철쭉, 수수꽃다리, 자산홍, 조팝나무, 좀작살나무, 화살나무, 황매화, 흰말채나무

3) 설계지침에 따른 관리

- 모서리 등 안전을 위하여 시야를 확보해야 하는 공간은 전정하여 관리한다.
- 차폐가 필요한 공간은 차폐효과를 저해하지 않는 범위 내에서 전정한다.

4) 관리사례

- 현황 : 주차공간과 보도 사이에 측백나무를 식재
- 시사점 : 측백나무로 주차공간과 보도를 분리하고 차폐함

- 현황 : 주거공간과 주차장 사이에 녹지를 조성
- 시사점 : 녹음과 완충효과 제공

- 현황 : 완충녹지 조성으로 소음과 전조등, 배기가스로부터 저층세대 보호
- 시사점 : 풍부한 녹지를 조성하여 소음과 대기오염 완화

- 현황 : 수관 폭이 큰 나무를 식재하여 그늘 형성
- 시사점 : 과도한 일사량과 인공포장 복사열로부터 보호

- 현황 : 주차장 주변에 녹지 조성
- 시사점 : 녹음 및 완충효과 제공

12. 텃밭

1) 설계지침

- 공동주택 텃밭은 주민들이 채소, 야생화 등을 직접 재배하는 녹지공간이다.
- 공동주택 내 텃밭은 깨끗하고 경관적 가치가 있어야 한다. 정원을 디자인하듯 텃밭에서 자라는 작물의 모양과 색깔, 꽃피는 시기 등을 고려하여 식재하고, 비닐멀칭 등은 지양한다.
- 텃밭 주변에 울타리를 설치하고 인근에 의자 등 휴게시설을 배치하며, 큰 면적으로 조성할 경우 안내판과 급수시설 및 배수시설을 설치한다.

- 과수원은 관리소 옆이나 단지 내 중심녹지 또는 외곽녹지 중 주변녹지와 분리된 녹지에 모과나무, 감나무, 살구나무 등 주요 유실수를 식재한다.
- 주민들이 직접 텃밭을 경작함으로써 주거환경에 대한 애착과 주민 간의 친밀감이 향상된다.
- 개개의 텃밭별로 독창성과 다양성을 갖게 한다.
- 노인들에게 소일거리를 제공하고, 어린이들에게는 교육적인 효과가 있다.
- 주민들에게 채소를 제공할 뿐만 아니라 자연학습장으로도 사용할 수 있다.
- 텃밭을 통하여 단지 내 구성원의 공동체 의식을 함양하는 프로그램 도입이 가능하다.

2) 설계지침에 따른 관리

- 농진청 등 공공기관에서 발행하는 텃밭 조성 및 관리 매뉴얼을 주민에게 배포하여 이용 주민들이 텃밭을 쉽게 만들고 관리할 수 있도록 한다.
- 텃밭 사이의 소로, 텃밭 내 휴게시설, 관수시설 등을 항상 청결하게 관리한다.
- 농자재와 작물 쓰레기를 버리는 곳을 따로 정하여 텃밭 주변을 청결하게 관리한다.
- 호박, 오이 등의 덩굴식물은 타인이 경작하는 텃밭이나 외부공간으로 뻗어나갈 수 있으므로 주의한다.
- 주민의 텃밭 관리 소홀로 미관을 해치지 않도록 한다.
- 농약, 제초제, 화학비료 등을 사용하지 않는다.
- 주민이 직접 재배한 채소를 이웃 주민과 교환하거나 함께 요리를 하는 등 다양한 프로그램을 이용하여 주민들의 공동체 의식을 향상시킨다.

3) 관리사례

- 현황 : 산책로와 텃밭 사이에 분리녹지를 조성하였으나 토사가 포장으로 흘러내림
- 시사점 : 지피식재나 멀칭을 하여 토사 유실을 방지하거나 회양목이나 주목 등 키 작은 관목으로 생울타리 조성

- 현황 : 텃밭 안내 시설물을 덩굴식물이 덮어 식별이 어려움
- 시사점 : 덩굴식물 식재 시 개인 텃밭 밖으로 뻗지 않도록 주의

- 현황 : 주민들이 관수 도구로 사용하는 자재들을 텃밭 내 방치하고 있음
- 시사점 : 자재를 보관할 수 있는 공간 마련

- 현황 : 텃밭을 구획할 수 있는 경계가 없어 텃밭의 토사가 포장 위로 흘러내림
- 시사점 : 목재 등으로 경계를 하여 텃밭이 깨끗하게 관리되도록 함

- 현황 : 덩굴채소류의 등반보조재가 미관을 저해함
- 시사점 : 주택단지 내 텃밭에는 미관을 고려한 텃밭자재들을 사용하는 것이 바람직함

4) 해외사례

가. 독일

- 독일의 클라인가르텐은 독일어로 '작은 정원'이라는 뜻으로 정부가 정원을 갖지 못한 소시민에게 도시 내의 유휴지를 저렴하게 임대함으로써 정원활동을 통해 건강과 휴식을 도모하도록 한 정원이다.
- 클라인가르텐은 본인이 직접 관리하며, 타인에게 임의로 양도할 수 없고, 다른 사람에게 관리를 맡길 수 없다.
- 정원은 주로 채소와 과수를 식재한다.
- 전체 단지의 면적은 평균 3.3ha이고 한 구획의 면적은 250~300㎡이며 지방자치단체는 도시 가구 수 8가구당 1구획의 클라인가르텐 조성을 의무화하고 있다.
- 아이가 많은 젊은 가정에 우선순위를 주고 정원 문화의 다양성을 위해서 외국인 가정도 우선적으로 배려한다.

- 정원 내 작은 집인 로그하우스(라우베)의 크기와 짓는 형태도 규정하고 있으며, 통나무집의 이용, 협회 건물의 건축 형식과 건설방법, 녹지 조성, 식수 조성, 전체 부지 울타리 치기 규정이 있다.
- 클라인가르텐은 도시민들에게 휴식을 할 수 있는 공간을 제공하고, 무농약 채소를 기를 수 있으며, 도시에 녹지를 제공하는 역할을 한다.

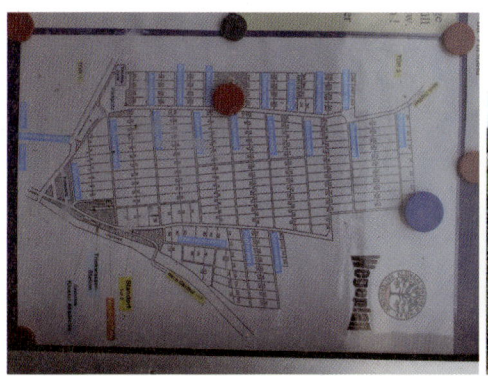

클라인가르텐 평면도

클라인가르텐 단지 입구

클라인가르텐 내부

로그하우스

- **현황** : 클라인가르텐 조성 시 정원 디자인 개념을 도입하여 경관까지 고려함
- **시사점** : 생산적 기능과 미적인 기능이 동시에 충족되어 도시 내 텃밭으로 적합함

- **현황** : 디자인을 고려한 덩굴채소 등반보조재 설치
- **시사점** : 경관까지 고려한 텃밭 조성

나. 캐나다

- 캐나다의 도시텃밭인 커뮤니티 가든은 도시민이 지자체나 비영리단체로부터 땅을 임대받아 개인적으로 또는 커뮤니티 구성원들 간의 협력을 통해 경작하는 토지를 말한다.
- 커뮤니티 가든은 접근이 쉽고 구획이 작아 참여와 관리가 용이하며, 커뮤니티 가든에서 생산한 채소는 지역 푸드 뱅크에 기부하여 지역 사회에 건강한 식자재를 공급한다.
- 캐나다 밴쿠버 시에서는 '2010 커뮤니티 가든 프로젝트'를 통하여 도시민들이 정원을 텃밭으로 만들어 안전한 먹거리를 생산하도록 유도하고 있다.
- 커뮤니티 가든은 공동체 의식이 사라져가는 현대사회에서 공통의 관심거리를 만들어 지역 주민들의 커뮤니케이션을 활성화하고 유대를 강화시키며, 도시민들이 환경문제와 교육문제에 대해서도 관심을 갖도록 한다.

커뮤니티 가든 표지판

커뮤니티 가든

- 현황 : 경계목으로 텃밭을 구획하여 이용함
- 시사점 : 경계목 사용으로 깨끗하게 관리되고 있음

- 현황 : 텃밭을 가꾸고 나온 부산물을 모아 퇴비를 만드는 통 설치
- 시사점 : 부산물을 모아 퇴비를 만들어 사용하므로 자원 순환적인 텃밭 조성

13. 휴게공간

1) 설계지침

- 휴게공간이란 주민들의 휴식과 커뮤니티를 위하여 설치하는 휴게소, 광장, 마당 등의 공간을 말한다.
- 휴게공간은 단지 전체의 오픈스페이스 체계를 검토하여 배치하고, 보행동선을 감안하여 개별 휴게공간의 출입구, 외곽선 및 휴게시설의 배열을 결정한다.
- 퍼걸러(파고라), 의자, 평상 등의 휴게시설은 휴게소 크기에 알맞은 것으로 배치한다.
- 원두막의 경우 하부 평상 주변에 너비 1m 이상의 포장면이 통로로 제공되게 한다.
- 많은 사람이 모이는 원두막, 퍼걸러 등의 시설은 주거동의 발코니 앞 배치를 지양하거나 되도록 멀리 떨어지도록 배치하며, 휴게소의 출입구나 출입로는 주거동 발코니와 마주치는 위치를 피하도록 한다.
- 휴게공간에는 문이나 문주 등의 입구시설, 트렐리스, 소담장 등의 입면시설, 경석, 조형물, 화분 등의 조형시설 및 조명시설 등을 사용하여 정서적인 공간으로 만든다.
- 휴게공간은 공동주택의 커뮤니티 공간으로서 주민 간의 정보 교류가 일어나며, 다양한 활동이 일어나는 열린 공간이다.
- 다양한 세대가 함께 이용하는 공간이다.
- 식물을 테마로 하는 소정원을 조성할 수 있다.
- 조망과 계절감을 느낄 수 있는 공간으로 조성한다.
- 인접한 공간과 경계를 위한 식재가 필요하다.

2) 식재지침

- 충분한 그늘이 조성되도록 녹음수를 식재하고, 화목류, 단풍나무류, 초화류 등 관상가치가 높은 식물을 식재한다.
- 생울타리, 수목 군식, 트렐리스 등의 입면녹화를 통하여 휴게공간 주변을 부분적으로 위요한다.
- 태양고도에 따른 수관 그늘은 정오를 중심으로 가려지게 고려한다.
- 관목과 다양한 초화류를 식재하여 정원의 분위기를 느낄 수 있게 한다.
- 공간에 강한 인상을 부여하기 위하여 단순 식재를 할 수도 있다.
- 트렐리스와 같은 구조물에 등나무 혹은 만경류 식재로 입체녹화를 유도하여 그늘을 조성한다.
- 포장면의 일부 구간에 녹지를 조성할 수도 있다.
- 주이용 수종

구분	수종
상록교목	소나무, 섬잣나무, 스트로브잣나무, 주목
낙엽교목	감나무, 계수나무, 꽃사과, 느티나무, 대왕참나무, 마가목, 모감주나무, 모과나무, 배롱나무, 백목련, 복자기, 산딸나무, 산벚나무, 산수유, 살구나무, 왕벚나무, 이팝나무, 자엽자두, 층층나무, 팽나무, 홍단풍
상록관목	회양목, 영산홍, 눈주목, 남천, 꽃댕강나무
낙엽관목	낙상홍, 덩굴장미, 말발도리, 매자나무, 명자나무, 모란, 무궁화, 박태기나무, 백철쭉, 병꽃나무, 산수국, 산철쭉, 수수꽃다리, 앵도나무, 자산홍, 조팝나무, 좀작살나무, 화살나무, 황매화, 흰말채나무

3) 설계지침에 따른 관리

- 앉음벽, 벤치 등 휴게시설물 주위에 위요식재를 한 경우 시설물 쪽으로 자란 가지는 전정을 하거나 키가 작은 관목으로 교체한다.
- 퍼걸러나 트렐리스에 덩굴성 식물을 식재한 경우 뿌리 부근이 답압으로 손상되지 않도록 수목보호판이나 경계를 만들어준다.

4) 관리사례

- 현황 : 녹지 내에 휴게시설을 설치
- 시사점 : 이용자들에 의한 녹지 훼손에 주의관리 필요

- 현황 : 잔디밭에 휴게공간을 조성
- 시사점 : 이용자들에 의한 잔디밭 훼손을 관리

- 현황 : 잔디밭 내에 휴게공간 조성
- 시사점 : 이용자들에 의한 잔디밭 훼손을 관리

- 현황 : 녹지공간과 휴게공간 경계에 휴게시설물을 설치
- 시사점 : 단정한 수목 전정 관리로 이용자들이 휴게시설물을 이용하는 데 불편함이 없도록 관리

- 현황 : 휴게공간 주변을 위요식재하였으나 수목의 가지가 벤치 위로 자라나와 이용할 수 없음
- 시사점 : 수목을 벤치 안쪽으로 전정하거나 회양목, 눈주목 등 키 작은 관목으로 교체

02 공간별 유지관리
단독주택

Plant maintenance manual in each space

1. 전정

1) 설계지침

- 전정은 대문과 현관 사이의 공간으로 대문, 진입공간, 주차장 등이 있으며, 정원이 협소할 경우에는 주정에 포함되기도 한다.
- 외부에서 주택의 사적공간으로 들어오는 전이공간으로서 주택의 첫인상이라 할 수 있으므로 특징적이면서 단순한 분위기를 연출하는 것이 바람직하다.
- 정원과 주택을 완전히 노출시키지 않고 기대감을 갖도록 부분적으로 차단을 하는 것이 좋다.
- 적정한 주차공간이 확보되도록 한다.
- 회양목, 주목과 같은 상록수목을 정형식으로 전정하여 단정하고 입구감을 주는 식재를 한다.
- 보행로에는 판석이나 벽돌 등을 깔아서 자연스럽고 안정된 분위기가 연출되도록 한다.
- 텃밭은 전정이나 주정에 포함되어 있다.

2) 설계지침에 따른 관리

- 수형이 정형식인 수목은 자주 전정하여 수형이 흐트러지지 않도록 관리해야 주택의 첫인상이 단정한 느낌을 준다.
- 주택의 전면에 식재되어 있는 수목은 주택에서의 조망을 가리지 않도록 한다.
- 주거공간인만큼 병충해에는 가능한 한 화학 약제를 피하고 발생 초기에 손으로 잡거나 친환경 약제를 사용한다.

3) 관리사례

- 현황 : 주차공간 주위에 다양한 관목과 초화류를 식재하였으며 소나무와 단풍나무를 이용하여 전정과 주정을 분리함
- 시사점 : 자칫 삭막하기 쉬운 주차공간에 다양한 수목과 초화류를 식재하여 전정으로 조성

- **현황** : 주차공간 주위에 관목을 식재하여 둥글게 전정하고 소나무와 단풍나무로 주정과 공간을 분리함
- **시사점** : 자칫 삭막하기 쉬운 주차공간에 관목과 초화류를 식재하여 단정한 느낌의 전정으로 조성

- **현황** : 진입부에서 주택까지 잔디를 식재하고 초화류를 식재한 화분을 설치
- **시사점** : 잔디 식재로 시원하고 단정한 느낌을 주고 붉은 초화류로 시각적 초점을 줌

- 현황 : 출입구에서 주택으로 들어가는 계단 주위를 관목과 초화류로 식재
- 시사점 : 출입구에서 주택으로 들어가는 전이공간에 관목과 초화류를 식재하여 전정으로 조성

- 현황 : 넓은 전정의 일부를 텃밭으로 조성
- 시사점 : 감상하는 정원뿐 아니라 생산적인 정원의 역할도 부여

- 현황 : 출입구에서 현관까지의 통로에 소나무, 단풍나무, 철쭉, 초화류를 식재
- 시사점 : 진입공간을 전정으로 조성

2. 주정

1) 설계지침

- 주정은 정원에서 가장 중요한 공간으로 가족의 휴식과 레크리에이션이 이루어지는 곳으로서 가장 특징적으로 꾸밀 수 있는 장소이다.
- 주정에는 테라스, 파티오, 연못, 화단, 잔디밭 등이 만들어지게 되며 실내공간의 거실, 식당, 서재 등과 연계되어야 한다.
- 주정의 설계는 가족 구성원의 성격과 요구에 따라 만들어져야 하는데, 너무 다양하고 번잡한 것보다 정원의 양식이나 특징적인 주제를 도입하여 꾸미는 것이 좋다.
- 잔디밭을 넓게 조성하고 테라스, 파티오, 퍼걸러, 정자 등의 휴게시설을 설치한다.

- 다양한 수목과 초화류 및 넓은 잔디가 식재되어 있는 공간이다.
- 휴게시설의 주변에는 그늘을 드리울 수 있는 녹음수를 식재하고 하부에는 초화류나 관목을 식재하며, 연못 주변에는 수생식물을 심는다.

2) 설계지침에 따른 관리

- 정기적인 가지치기를 통하여 뒤얽힌 가지를 솎아주어 통풍이 원활하게 한다.
- 특정 종의 초화류가 번식하여 정원을 우점하지 않도록 관리한다.
- 넓은 잔디밭의 관수는 정원용 간이 스프링클러를 이용하면 효과적이다.
- 잔디밭의 제초는 손으로 뽑거나 예초기로 잔디를 깎아주어 제거한다.
- 병충해는 주거 공간인만큼 가능한 한 화학 약제를 피하고 발생 초기에 손으로 잡거나 친환경 약제를 사용한다.
- 낙엽 등의 유기물은 한곳에 모아 썩혀 이듬해 퇴비로 사용한다.

3) 관리사례

- 현황 : 법면의 경관석 사이에 다양한 수목과 초화류를 식재하고 바닥은 잔디로 식재
- 시사점 : 넓은 잔디밭으로 가족들의 활동공간을 확보하고 다양한 수목 식재와 휴게공간 설치로 휴식과 감상의 정원으로 조성

- 현황 : 잔디밭 주위에 다양한 수목을 식재하고 통로를 따라 분재를 설치
- 시사점 : 넓은 잔디밭으로 가족들의 활동공간을 확보하고 다양한 수목식재와 휴게공간 설치로 휴식과 감상의 정원으로 조성

- 현황 : 건물 현관 주변에 소나무, 반송, 철쭉, 지피류 등을 경관석과 어울리도록 식재
- 시사점 : 다양한 수목 식재로 흥미 있는 주정으로 조성

- 현황 : 주택의 거실공간과 연결되도록 공간을 조성하고 잔디 식재
- 시사점 : 거실과 연결된 주정이 가족들의 활동과 동선을 편리하게 하며 시야확보로 실내에서의 공간이 더 넓어보이도록 하는 효과를 줌

3. 후정

1) 설계지침

- 후정은 실내의 침실과 옥외 휴양공간이 연결되어 조용하고 정숙한 분위기를 갖는 공간이다.
- 부엌과 연결되어 외부에 개방되지 않고 가족들이 사적으로 사용하는 공간이다.
- 공간이 좁고 남향집에서는 햇빛이 들지 않는 경우가 많다.
- 외부로부터 물리적 접근을 차단하고 시각적으로 프라이버시가 최대한 보장되도록 하는 것이 좋다.

- 경관석이나 옹벽 등이 있고 그 위에 수목이 식재되어 있는 경우가 많다.
- 후정이 경사진 경우에는 전통후원 양식처럼 단처리를 하여 화계를 만들 수 있다.
- 후정에 그늘이 진다면 음지에 강한 수목인 주목, 독일가문비, 사철나무, 회양목, 수국, 맥문동 등을 심는다.
- 사생활 보호를 위해 차폐가 필요하다면 가지와 잎이 치밀한 상록수인 선향, 잣나무, 스트로브잣나무 등을 식재한다.
- 분위기를 밝게 하려면 향기가 나는 식물을 심으면 효과적이다.

2) 설계지침에 따른 관리

- 보통 햇빛이 부족한 경우가 많으므로 일조량을 감안하여 식재 관리한다.
- 공간이 좁은 경우 크게 자라는 수목은 식재하지 않도록 한다.

3) 관리사례

- **현황**: 주택의 부엌공간과 연결된 공간에 데크, 수도시설, 디딤돌 등을 설치하고 잔디와 수목 몇 그루를 식재
- **시사점**: 가족들이 다용도로 사용할 수 있는 후정으로 조성하고 전망이 좋은 점을 감안하여 시야를 확보할 수 있는 식재

4. 측정

1) 설계지침

- 측정은 대부분의 경우 폭이 좁고 면적이 넓지 못한 경우가 많으므로 큰 시설이나 나무를 심기가 곤란하고 대개 통로의 개념으로 사용된다.
- 만약 공간의 여유가 있다면 어린이 놀이 시설이나 체력단련을 위한 운동시설을 설치하면 좋다.
- 대지 경계부에 차폐식재를 하고 바닥에는 디딤돌을 놓아 보행로를 만들고 주변에 초화류를 심어 가꾸면 다양한 모습을 연출할 수 있다.
- 측정에 보기 좋지 않은 잡동사니들을 저장하는 경우 대문에서 조망할 경우 시각적 축을 형성하여 미관을 저해하는 결과를 가져오기 쉽다.

2) 설계지침에 따른 관리

- 한두 종류의 관목이나 초화류를 식재하여 단순하고 깨끗한 공간으로 관리한다.

3) 관리사례

- 현황 : 전정에서 주정으로 가는 주택 측면 공간에 잔디와 관목 식재
- 시사점 : 전정과 주정 사이의 통로에 잔디와 몇 가지 관목을 식재하고 디딤돌을 설치하여 단정한 느낌의 측정으로 조성

부록
Appendix

주요 용어사전

1. 주요 용어사전

건조-노천매장

  건조-노천매장 방법은 종자를 바람이 잘 통하고 그늘진 곳에 3~7일간 건조시킨 후, 정선된 종자를 방충망 용기에 담아 지하 40~50cm 깊이에 노천매장하는 방법이다. 팽나무, 비목나무, 단풍나무, 광나무, 쥐똥나무 등에 적용한다.

개심자연형

  원줄기가 수직으로 자라지 않고 개장성인 과수에 적합한 수형이다. 복숭아나무, 살구나무, 모과나무, 자두나무, 매실나무, 감나무 등에 이용된다. 만드는 방법은 짧은 원줄기에 2~4개의 원가지를 배치한다. 원가지 사이에 15~20cm의 간격을 둔다. 바퀴살가지가 되지 않도록 한다. 원가지는 약간 경사지게 자라도록 한다. 수관 내부로 햇빛투과가 좋고 높이가 낮아 유지관리가 편하다. 연장시키고자 하는 가지는 새롭게 자란 길이의 1/5~1/3을 절단한다.

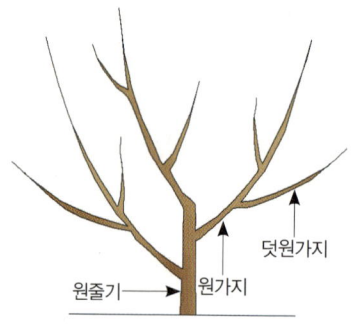

개심자연형 (자료: 과수원예총론(2010), p.158 재작성)

결과모지

  올해 과실이 달리는 가지가 붙어 있는 전년에 자란 가지이다.

균근균

고등식물의 뿌리와 균류가 긴밀히 결합하여 일체되고 공생관계가 맺어진 뿌리를 균근이라고 하며, 공생하고 있는 균류를 균근균이라 한다. 나무의 토양 속에 비료가 부족할 경우 균근균과 공생하는 것이 생육에 좋다.

기건저장

기건저장은 정선된 종자를 방충망 용기 혹은 무명자루에 담아 저장고 천장에 매달아 저장하는 방법이다.

깎기접

대목의 지상부를 깎아 자른 후 접목하는 방법으로 가장 많이 이용한다. 접수는 0.5cm 굵기의 충실한 가지로 눈을 1~3개 붙여 5~10cm 크기로 자르고, 제일 위의 눈과 같은 방향의 밑면을 2~3cm 길이로 목질부가 약간 붙도록 하여 수직으로 자른다. 자른 반대쪽은 45도 각도로 자른다. 대목은 종자로 번식한 1~3년생으로 굵기가 1cm 정도인 것을 지표면 위 6~10cm 지점을 수평으로 자른 후, 접붙일 면을 2.5cm 정도 수직으로 목질부가 약간 포함되도록 깎아내린다. 다음으로 대목과 접수의 깎은 면의 형성층을 잘 맞추고 접목용 테이프로 묶어준다.

노천매장

노천매장은 종자의 발아를 촉진하기 위해 상자에 종자를 넣어 묻는 습윤저장방법이다. 묻는 장소는 배수가 잘되고 물이 고이지 않는 곳을 선정한다. 상자는 두께 3cm, 깊이 40cm의 규격으로 만든다. 상자의 깊이가 너무 깊으면 아래와 위에 있는 종자는 발아촉진이 안 될 수도 있다. 상자의 아래와 위에는 철망을 깔아 설치류의 피해를 방지한다. 상자를 묻는 깊이는 6cm 깊이로 하고 모래를 3cm 정도 덮은 후, 그 위를 다시 흙으로 덮는다. 맨 위쪽에는 짚 등을 덮어 빗물과 눈이 자연스럽게 녹아 들어가도록 한다.

나무상자 대신 마대에 종자와 세사를 혼합하여 자루째 매장하기도 한다. 종자와 모래의 혼합비율은 1:2 정도로 하고, 수분을 공급하면서 고루 섞는다. 혼합된 종자와 모래는 80% 정도의 수분을 유지하도록 한다. 발아가 어려운 종자나 노천매장 시기가 늦었을 때는 습기를 조금 더 유지하도록 한다.

녹지삽(Greenwood cutting)

봄부터 자란 신초가 경화되기 전까지의 가지를 이용하는 삽목으로 여러 종류의 상록수와 낙엽수에 이용된다. 삽수를 조제 후 곧바로 꽂지 않는 경우에는 몇 시간 물에 침지한 후 꽂는다.

눈접

접수 대신 접눈接芽을 대목의 껍질 사이에 넣어 접을 붙이는 방법이다. 접눈의 채취는 접눈 위쪽 1.0cm에 칼금을 긋고, 접눈 아래쪽 1.5cm 되는 곳에서 목질부가 약간 붙을 정도로 칼을 넣어 접눈을 떼어낸다. 대목은 지상 5~10cm 정도 되는 곳에 길이 2.5cm의 T자형 칼금을 긋거나 긴 타원형으로 칼자국을 내어 껍질을 벌리고 접눈을 넣은 후 접목용 테이프로 감아준다. 눈접 방법에는 여러 가지가 있으나 T자형 눈접과 깎기눈접이 가장 많이 이용된다.

단과지

길이가 10~20cm 이하인 열매가지로서 끝눈만 잎눈이고 나머지 눈은 모두 홑눈 형태의 꽃눈이며, 겹눈이 붙는 경우는 거의 없다. 충실한 단과지는 끝눈이 자라서 이듬해에 다시 단과지가 되지만, 세력이 약한 것은 가을에 죽는다.

대목

접목 참조

마찰-침수-노천매장

마찰-침수-노천매장 방법은 종자의 종피에 상처를 주기 위해 모래와 종자를 3:1 비율로 섞어 절구에 넣어 찧은 후 맑은 물에 2일간 침적하고 방충망 용기에 담아 지하 40~50cm 깊이에 노천매장하는 방법이다. 종피가 두꺼운 때죽나무, 모감주나무, 이팝나무, 쪽동백나무, 산사나무 등에 활용한다.

변칙주간형

사과나무, 밤나무, 대추나무, 자두나무, 매실나무, 감나무 등에 이용된다. 개심자연형과 같이 조기에 원가지를 결정하는 것이 아니고 5~7년에 걸쳐 4~5단의 원가지를 만들어나가는 방법이다. 주간연장부가 제거되므로 수관 내부에 햇빛이 잘 드는 수형이다. 수고가 낮아지므로 유지관리가 용이하다. 위아래 가지의 세력균형을 쉽게 할 수 있다. 초기 몇 년간은 원줄기를 연장시켜나가다가 적당한 수의 원가지가 형성되었을 때 원줄기의 세력을 서서히 억제시키고 원가지의 발달을 촉진시킨다. 최상단의 원가지가 거의 완성될 때 주간연장부를 제거 후 수형을 완성한다.

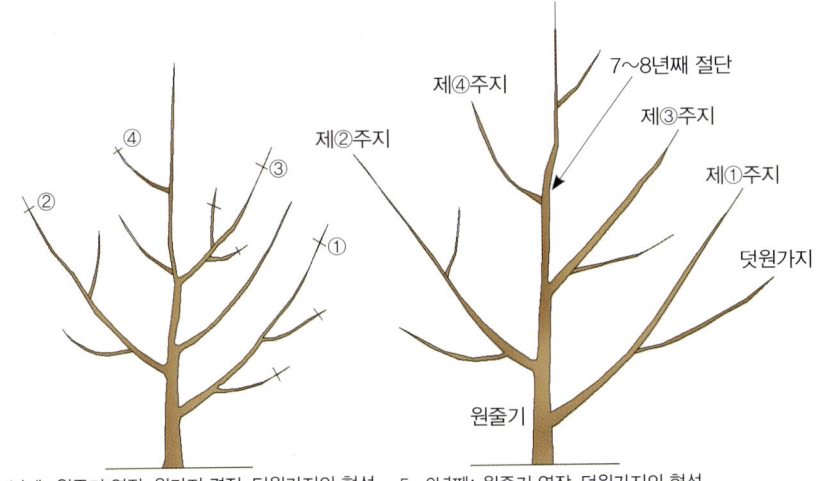

변칙주간형의 수령별 원가지 및 덧원가지의 형성 (자료: 과수원예각론(2010), p.366 재작성)

분주번식(포기나누기)

원줄기에서 지속적으로 분얼하여 많은 줄기가 함께 자라게 되면 포기 전체를 파내어 적당히 나누어 심는데, 이를 분주번식 또는 포기나누기라고 한다.

뿌리돌림

뿌리돌림이란 수목을 이식하기 1~2년 전에 굵은 뿌리를 박피하거나 자르기하여 새로운 잔뿌리 발생을 촉진시킴으로써 이식 후 활착률을 높이기 위한 방법이다.

삽목

삽목이란 모수 영양체의 일부분인 가지 또는 뿌리, 잎 등을 끊어서 완전한 한 개체의 식물로 재생시키는 번식방법으로, 종자나 접목 등으로 번식이 곤란한 경우 대체번식수단으로 사용된다.

모본과 같은 유전적 성질을 가지는 새로운 개체가 생기며 한 번에 많은 개체를 증식시킬 수 있다. 종자로 번식하는 것보다 생육, 개화, 결실이 빠르나 보통 뿌리가 얕게 뻗으며 수명이 짧다.

순지르기(적심)

가지의 길이생장을 억제하기 위하여 생장 중인 신초를 따버리는 작업이다.

숙지삽(Hard wood cutting)

완전히 성숙 경화한 가지를 이용하며 삽수가 휴면상태이므로 휴면지삽이라고도 한다. 보통 삽목 시기는 3~4월이다. 명자나무, 배롱나무, 메타세쿼이아 등 많은 낙엽수종에 활용된다. 삽수는 조제 후 수 시간 동안 물에 담갔다가 꽂는다. 꽂는 깊이는 삽수 크기의 1/2~1/3 정도로 한다. 삽수는 건강한 나무에서 일광을 충분히 받아 충실한 것을 택하고 지나치게 절간이 긴 도장지나 수관의 안쪽에 있는 약한 가지는 쓰지 않도록 한다. 삽수의 길이는 수종에 따라 다르지만 10~30cm가 보통이고, 적어도 두 개의 눈이 붙어 있어야 한다.

실생번식

종자를 파종하여 번식시키는 것을 말한다. 대부분의 종자는 해동 후 봄에 즉시 파종하며 파종 시기가 늦으면 가뭄 등으로 피해를 받을 위험성이 커진다. 산벚나무, 칠엽수, 이팝나무, 호두나무 등은 늦가을에 파종한다. 이렇게 하면 가을에 뿌리를 내린 후 다음 해 봄에 새싹이 지상 위로 나오게 된다.

일소현상

식물이 햇볕에 타들어가 피해를 입은 현상이다.

장과지

장과지는 길이가 30~60cm인 열매가지로서 기부에는 2~3개의 잎눈이 착생되고, 중앙에는 꽃눈과 잎눈이 같이 있는 겹눈이 착생되며, 가지 윗부분에는 잎눈이 착생된다. 일반적으로 장과지는 꽃눈의 발육이 좋을 뿐만 아니라 새 가지가 많이 돋아나기 때문에 과실의 발육도 좋으며, 그 기부에서 돋아나는 새 가지는 열매가지를 갱신하기에 알맞다.

접목

접목이란 두개의 각각 다른 식물체의 가지, 눈, 뿌리 등 조직을 서로 유착시켜 생리적으로 공동체가 되게 하는 방법이다. 이때 접착부의 윗부분을 접수^{scion}라고 하고 아랫부분을 대목 ^{stock}이라고 한다. 접목의 성공 비결은 대목과 접수의 형성층을 서로 맞닿게 하여 두 조직이 연결되도록 하는 것이다. 형성층이 맞으면 접수와 대목의 접착면에 캘러스조직이 형성되어 융합하게 된다. 대목과 접수가 잘 접합해서 생리작용의 교류가 원만하게 이루어지는 것을 활착이라고 하고 활착한 후에 정상적으로 생장과 발육이 이루어지는 것을 접목친화라고 한다. 유전적 소질이 가까운 것일수록 접목친화력이 크다.

접수

접목 참조

정부우세성

정아에서 생성된 오옥신이 정아의 생장은 촉진하나 아래로 확산하여 측아의 발달을 억제하는 현상이다.

취목

어미나무에 붙어 있는 가지의 일부에 인위적으로 뿌리를 내어 이것을 어미나무로부터 분리시켜 새로운 자손으로 번식시키는 방법이다. 묻어떼기, 휘묻이 등이 있다. 묻어떼기는 어미나무의 줄기를 짧게 자른 후 그 위에 흙을 덮어주어 흙 속에서 뿌리를 내린 새 가지를 잘라 번식시킨다. 휘묻이는 어미나무로부터 1~2년생 가지를 구부려 일부 또는 전부를 흙 속에 파묻어 뿌리를 낸 후 잘라 번식시킨다.

킬레이트

배위화합물의 일종이며, 철, 구리, 아연, 몰리브덴은 킬레이트 화합물 형태로 식물체 내로 흡수된다.

할접

대목이 비교적 굵고 접수가 가늘 때 적용하는 방법으로, 접수를 알맞은 방법으로 깎고 하단 양쪽에 있어서 삭면을 만들고 대목 원줄기의 중심부를 지나는 방향으로 칼을 넣어 아래로 쪼개고, 그 길이는 접수에 만들어준 삭면의 길이와 비슷하게 하여 접수를 갈라진 사이에 끼우고 접목하는 법을 말한다.

형질
어떤 생명체가 가지고 있는 유전자에 의해 나타난 고유의 모양과 속성을 말한다.

휴면
성숙한 종자 또는 식물체에 적당한 환경조건을 주어도 일정기간 발아·발육·성장이 일시적으로 정지해 있는 상태이다.

2. 뿌리형태

이식 후 수목이 성공적으로 활착하기 위해서는 뿌리의 고유 형태를 알고 그에 맞게 분을 뜨는 것이 중요하다. 일반적으로 수목의 뿌리는 직근直根, 심근心根, 측근側根, 수하근垂下根, 뿌리털로 구성되어 있다. 직근은 종자에서 나온 유근이 지구 중심으로 곧게 자란 굵은 뿌리이며, 측근은 지표면과 평행하게 옆으로 자란 굵은 뿌리이다. 심근은 직근에서 갈라져 사선 방향으로 자라는 굵은 뿌리를 말한다. 직근, 측근, 심근은 근계의 골격을 이루는 뿌리들이며 주근主根이라 하고, 나무를 지지하는 역할을 한다. 수하근은 측근에서 갈라져 지구 중심을 향해 자라는 약간 굵은 뿌리이며 부근付根이라 한다. 뿌리털은 잔뿌리로 물과 양분을 흡수하는 역할을 한다.

본 연구과제에서는 수목 이식 시 수목 고유의 뿌리 형태를 파악하여 뿌리분을 만들 수 있도록 『樹木根系圖設』(2010) 문헌을 고찰하여 뿌리 유형을 다음과 같이 분류하였다.

먼저 직근 발달의 정도에 따라 심근성深根性, 중근성中根性, 천근성淺根性으로 나누었으며, 심근과 잔뿌리의 발달 정도를 판별하여 심근성, 중근성, 천근성을 각각 세 가지 유형으로 다시 나누었다.

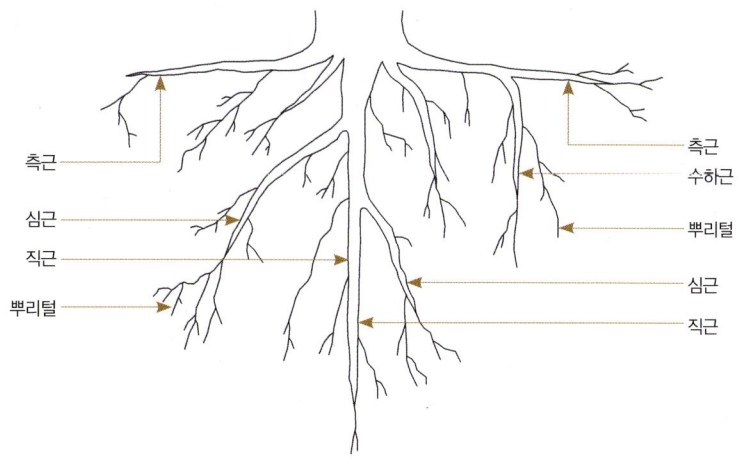

뿌리형태 (자료: 원색수목환경관리학(2009), p.40 재작성)

표 1. 심근성 뿌리의 유형별 특성

특성	직근이 발달하여 수직으로 깊이 뻗어 있는 형태		
유형	심근성A	심근성B	심근성C
세부 특성	직근, 심근, 잔뿌리가 모두 발달하여 뿌리 전체의 분포가 균형 잡혀 있음	두세 개의 직근이 발달하였고 그 외 뿌리가 발달하지 않아 뿌리 전체의 분포가 엉성함	직근과 측근이 발달하였으나 뿌리 전체 분포 상태는 엉성함
수종	은행나무, 주목	상수리나무, 소나무, 튜울립나무	계수나무

표 2. 중근성 뿌리의 유형별 특성

특성	심근성보다 직근이 덜 발달한 형태		
유형	중근성A	중근성B	중근성C
세부 특성	직근, 심근, 측근의 분포가 골고루 균형 잡혀 있음	직근과 측근의 분포 상태가 엉성함	뿌리 전체의 분포 상태가 엉성함
수종	가시나무, 메타세쿼이아, 왕벚나무, 일본목련, 태산목	모감주나무, 섬잣나무, 자귀나무, 중국단풍	산벚나무, 살구나무, 칠엽수

표 3. 천근성 뿌리의 유형별 특성

특성	뿌리가 수직으로 깊이 뻗지 않고 수평 방향으로 넓게 뻗어 있는 형태		
유형	천근성A	천근성B	천근성C
세부 특성	측근과 수하근의 발달로 뿌리가 깊이 들어가지 않고 지표 가까이에서 넓게 확산되어 있음	직근과 측근의 발달. 뿌리 전체의 분포 상태가 엉성함	직근보다는 측근의 발달로 뿌리 전체의 균형 상태가 엉성함
수종	가이즈까향나무, 눈주목, 느릅나무, 느티나무, 단풍나무, 매실나무, 산수유	마가목, 먼나무, 스트로브잣나무, 층층나무, 팽나무, 회화나무	동백나무, 모과나무, 배롱나무, 산딸나무, 서양측백나무, 자작나무, 팥배나무

참고문헌

01. 강전유(2008), 나무병해도감, 소담출판사
02. 강전유(2008), 나무의 피해 진단 및 치료, 생각하는 백성
03. 강전유(2008), 나무충해도감, 소담출판사
04. 강태호(2008), 조경재료적산학, 기문당
05. 고경식(2004), 수목의 관찰&검색, 일진사
06. 국립수목원(2011), 식별이 쉬운 나무도감, 지오북
07. 김대현(2008), 아파트 옥외공간의 변화, 한국학술정보(주)
08. 김동암(2009), 동백 정원에서 기를 수 있다, 신광
09. 김용식 외 6인(2004), 한국조경수목핸드북, 광일문화사
10. 김용식(2006), 최신조경식물학, 광일문화사
11. 김성수(2007), 한국의 조경수목, 기문당
12. 김정호 외(1995), 삼정과수원예각론, 향문사
13. 김태욱(2002), 한국의 수목, 교학사
14. 김호준(2009), 수목환경관리학, 그린과학기술원
15. 나용준(2009), 조경수 병해충 도감, 서울대학교출판문화원
16. 나용준 외 2인(2011), 조경 차세대 수목이식공법, 푸름바이오 토양연구소
17. 농약공업협회(2007), 농약사용지침서, 삼정인쇄공사
18. 농촌진흥청(2008), 식물병해충도감, 학술편수관
19. 대우건설 주택기술부(1996), 대우아파트 외부환경설계 지침, 대우건설
20. 도시녹화기술개발기구/강병희 외 3인 옮김(2003), 신 녹지공간디자인, 기문당
21. 문석기 외 5인(1998), 조경설계요람, 도서출판 조경
22. 박권우 외 1인(2006), 원예번식학, 선진문화사
23. 박용진 외 7인(2010), 신고 조경수목학, 향문사
24. 배호영(2003), 선형녹화와 가로수, 도서출판국제
25. 서울특별시SH공사(2010), 서울특별시SH공사조경매뉴얼, 서울특별시SH공사
26. 알렉스 L. 샤이고/이규화 옮김(2005), 올바른 나무 전정, 아인북스
27. 오구균 외 3인(2005), 손에 잡히는 생태수목도감, 광일문화사
28. 오대민 외(2006), 자연과의 만남으로 나와 세상을 치유하는 도시농업, 학지사

29. 윤주복(2010), 나무 해설 도감, 진선books
30. 윤주복(2004), 나무 쉽게 찾기, 진선books
31. 이경준(2002), 조경수 식재관리기술, 서울대학교 출판부
32. 이광만(2010), 우리나라 조경수 이야기, 이비컴
33. 이광만 외 1인(2012), 전원주택 정원만들기, 이비컴
34. 이유미 외 6인(2010), 국가표준재배식물목록, 국립수목원
35. 이정석(2010), 새로운 한국수목 대백과 도감上, 학술정보센터
36. 이정석(2010), 새로운 한국수목 대백과 도감下, 학술정보센터
37. 차건성(2000), 접목과 삽목, 오성출판사
38. 편집부/김현정 옮김(2012), 내손으로 직접 하는 나무 가지치기, 그린홈
39. 한국도로공사(2006), 조경식물도감, 기문당
40. 한국조경학회(2004), 조경수목학, 문운당
41. 한국조경학회(2004), 조경식재설계론, 문운당
42. 한국조경학회 편(2007), 조경설계기준, 한국조경학회
43. 환경과 조경(2002), 한국조경작품총서-주택정원, 도서출판 조경
44. 苅住昇(2010) 最新 樹木根系圖説, 誠文堂新光社
45. 川原田邦彦(2004) 図解でハッキリわかる落葉樹·常緑樹の整枝と剪定, 永岡書店
46. 講談社(2008) ガーデン植物大図鑑 [大型本], 講談社
47. 玉崎弘志(2008) はじめての庭木·花木の剪定と手入れ, ナツメ社
48. 濱野周泰(2006) 大人の園芸 庭木 花木 果樹, 小学館
49. 船越亮二(2010) カラー図解 庭木の手入れコツのコツ, 農山漁村文化協会
50. 堀大才(2002) 図解 樹木の診断と手当て—木を診る·木を読む·木と語る, 農山漁村文化協会
51. 矢口行雄(2009) 樹木医が教える緑化樹木事典—病気·虫害·管理のコツがすぐわかる!, 誠文堂新光社
52. American Horticultural Society(2009), American Horticultural Society New Encyclopedia of Gardening Techniques, Mitchell Beazley (October 15, 2009)
53. Brickell(1996), Pruning & Training, DORLING KINDERSLEY
54. Harris(2004), Arboriculture, Prentice Hall
55. Michael A. Dirr(1998), manual of woody landscape plants, Stipes Pub Llc; 6 Revised edition
56. Norman K.Booth(2008), 정원계획과 설계, 내하출판사
57. Taisai(2008), 수목의 진단과 조치, 두양사